电子电气基础课程规划教材

模拟电子技术实验教程

主编：杨晓慧　葛　微

副主编：蔡立娟　詹伟达

参编：唐雁峰　徐志文　吴　戈

白雪梅　刘云荣

電子工業出版社·
Publishing House of Electronics Industry
北京·BEIJING

内 容 简 介

本书是集基础性实验、仿真实验、设计性实验、综合性实验以及创新实验于一体的实践性教材。旨在培养学生动手能力，突出基础训练和综合应用能力、创新能力以及计算机应用能力的培养。

本书首先介绍模拟电子技术实验中常识性的内容；第二章为基础性实验，例如晶体管放大电路实验等，即验证性实验；第三章是仿真实验，利用PSpice实现各放大电路的仿真；第四章是设计性实验，即给出具体设计指标，由学生完成设计要求；第五章和第六章分别是综合性实验和创新性实验，这两章均为专题性的研究型实验，例如语音放大电路实验等。

本书可作为高等学校电工、电子及通信类专业本、专科学生电子技术与电子线路课程的教辅、实验及课程设计教材。

未经许可，不得以任何方式复制或抄袭本书之部分或全部内容。

版权所有，侵权必究。

图书在版编目（CIP）数据

模拟电子技术实验教程 / 杨晓慧，葛微主编 . —北京：电子工业出版社，2014.2
电子电气基础课程规划教材
ISBN 978-7-121-22362-4

I . ①模…　II . ①杨… ②葛…　III . ①模拟电路－电子技术－实验－高等学校－教材
IV . ①TN710-33

中国版本图书馆 CIP 数据核字（2014）第 010128 号

责任编辑：郝黎明
印　　刷：北京虎彩文化传播有限公司
装　　订：北京虎彩文化传播有限公司
出版发行：电子工业出版社
　　　　　北京市海淀区万寿路 173 信箱　　邮编：100036
开　　本：720×1000　1/16　　印张：12.75　字数：326.4 千字
版　　次：2014 年 2 月第 1 版
印　　次：2024 年 7 月第 10 次印刷
定　　价：28.00 元

凡所购买电子工业出版社图书有缺损问题，请向购买书店调换。若书店售缺，请与本社发行部联系，联系及邮购电话：(010) 88254888，88258888。

质量投诉请发邮件至 zlts@phei.com.cn，盗版侵权举报请发邮件至 dbqq@phei.com.cn。

本书咨询联系方式：davidzhu@phei.com.cn。

前　言

本书按照高校模拟电子技术基础课程教学大纲要求编写的集基础性实验、仿真实验、设计性实验、综合性实验以及创新实验于一体的实践性教材，实验内容丰富，培养学生动手能力，突出基础训练和综合应用能力、创新能力以及计算机应用能力的培养。

本书主要分为 6 章，第一章为绪论；第二章为基础性实验；第三章是仿真实验；第四章是设计性实验；第五章是综合性实验；第六章是创新性实验。

本书内容上与时俱进，反映科技发展的现状；注重系统性，重视基本核心内容，符合专业人才培养方案的知识结构要求；可作为高等学校电工、电子及通信类专业本、专科学生电子技术与电子线路课程的教辅、实验及课程设计教材。本书在内容安排上有以下几点特色。

（1）内容全面，集基础、设计、综合及创新于一体，同时软硬结合，注重能力培养

本书除完善以往讲义基本的实验内容外，新增了多个实验题目，还增加了电路软件仿真内容。除绪论外包括 5 个章节和附录，分为 5 大模块，即基础、仿真、设计、综合、创新实验。基础性实验题目包含 10 个实验内容，几乎涵盖了《电子线路》理论课程的主要知识点；为了加深电子技术应用能力，本书增加了综合、设计性、创新实验部分。由电路测量拓展到电路设计，由证明性的实验拓展到专题性问题研究型实验，通过实验设计和硬件安装、调试，让学生感受工程应用的特点，积累实践经验和提高实验能力，培养了学生创新意识及能力。

目前，以计算机辅助设计为基础的电子设计自动化技术已渗透到电子系统的各个环节。使用计算机辅助分析和设计工具来分析与设计电路，加深对电路原理、信号流通过程、元器件参数对电路性能影响的了解等，已经成为电类本科生必须具备的基本能力。因此本书增加了 EDA 的软件仿真实验，实现软硬结合，帮助学生较快地入门，更好地把握该课程的重点。学生运用仿真功能分析、设计电路。通过电路仿真，可以使学生较快地明确目标，节省时间，不受实验设备、场地的限制。本书体系为实验条件、实验方法、实验内容创造了足够大的空间。

（2）结构灵活，实用性强

本书体系完整，包括模拟电子技术所有理论课程内容的对应实验，理论课与

实践课教材统一规划，注重各个课程知识内容相互之间的衔接。书中各章的编排既相互独立，又互相联系，有利于模拟电子技术实践教学的组织和学生工程实践能力的训练。虽然各校具体情况不尽相同，特别是实验设备不一致，但是电路原理是相同的，组成是多变的；应用是灵活的，概念是不变的。使用本书时，各校可根据教学上的需要、学时数及设备条件，对内容进行取舍。

（3）编写方法上的多元化

本书除具有传统教材所拥有的实验原理、实验电路、表格以外，还增加了预习要求、思考题等内容，克服了内容枯燥、表现手法单调的缺点，注重了电子技术知识的系统性、全面性和表现手法上的多元化、开放性。

（4）循序渐进，目标明确

本书根据循序渐进的教学思想，将模拟电子技术实验知识、实验技能、系统设计技术、EDA 技术有机地结合在一起。既有利于学生自学，通过有限的学时在掌握常用功能电路的同时形成电子系统设计的概念，还有利于教师根据各自不同的教学要求安排教学内容，实现因材施教。

本书第一章、第三章由杨晓慧编写，第二章、第六章由葛微、蔡立娟和徐志文编写，第四章、第五章由詹伟达、白雪梅编写，附录由吴戈、刘云荣编写。在本书的编写过程中，得到了长春理工大学电工电子实验教学示范中心教师的大力支持和帮助，清华大学科教仪器厂也对本书的编写，给予了大力支持，在此一并表示衷心感谢。

限于编者水平与时间仓促，书中难免有疏漏和不妥之处。欢迎广大读者提出宝贵意见，请将意见或建议发至电子邮箱 gewei@cust.edu.cn。

编　者

目　　录

第一章 绪 论

一、模拟电子技术实验的性质与任务

通过实验的方法和手段，分析器件、电路的工作原理，完成器件、电路性能指标的检测，验证和扩展器件、电路的功能及其使用范围，设计并组装各种实用电路和整机。

通过实验手段，使学生获得电子技术方面的基本知识和基本技能，并运用所学理论来分析和解决实际问题，提高实践动手能力。熟练地掌握电子实验技术，无论是对从事电子技术领域工作的工程技术人员，还是对正在进行本课程学习的学生来说，都是极其重要的。

电子技术实验可分为以下三个层次：第一个层次是基础验证性实验，它主要是以电子元器件特性、参数和基本单元电路为主，根据实验目的、实验电路、仪器设备和较详细的实验步骤，来验证电子技术的有关理论，从而进一步巩固所学基本知识和基本理论；第二个层次是提高性实验，它主要是根据给定的实验电路，由学生自行选择测试仪器，拟定实验步骤，完成规定的电路性能指标测试任务。第三个层次是综合性和设计性实验，学生根据给定的实验题目、内容和要求；自行设计实验电路，选择合适的元器件并组装实验电路，拟定出调整、测试方案，最后使电路达到设计要求，这个层次的实验，可以培养学生综合运用所学知识和解决实际问题的能力。

实验的基本任务是使学生在"基本实践知识、基本实验理论和基本实验技能"三个方面受到较为系统的教学与训练，以逐步培养他们"爱实验、敢实验、会实验"，成为善于把理论与实践相结合的专门人材。

电子技术实验内容极其丰富，涉及的知识面也很广，并且正在不断充实、更新。在整个实验过程中，对于示波器、信号源等常用电子仪器的使用方法；频率、相位、时间、脉冲波形参数和电压、电流的平均值、有效值、峰值以及各种电子电路主要技术指标的测试技术；常用元、器件的规格与型号，手册的查阅和参数的测量；电子电路小系统的设计、组装与调试技术；以及实验数据的分析、处理能力；EDA 软件的使用等都是需要着重掌握的。

为确保实验教学质量，应该采取下列基本教学方法和措施。

（1）强调以实验操作为主，实验理论教学为辅。围绕和配合各阶段实验的教学内容和要点，进行必要的和基本的实验理论教学。

（2）采用"多媒体教学"、"虚拟实验"等多种手段，以提高实验教学效果。

（3）按照基本要求，分阶段进行实验。

前阶段进行基本实验，每个基本实验着重解决两至三个基本问题。注意让某些重要的实验内容出现适当的重复，以加深印象和熟练操作。

后阶段着重安排一些中型或大型实验，主要用于培养综合运用实验理论和加强实践技能的训练，特别应注意在理论指导下提高分析问题和解决问题的能力。例如，对实验中出现的一些现象能做出正确的解释，并在此基础上有能力解决一些实际问题。

（4）贯彻因材施教的原则，对不同程度的学生提出不同的要求。在完成规定的基本实验内容后，允许程度较好的学生选做加做某些实验内容。

（5）以严格的实验制度，确保实验教学质量。

要求做到实验前有"预习"，实验后有"报告"，阶段有"总结"，期末有"考核"。考核内容包括实验理论、实验技能和基本实践知识三个方面，以口试、笔试和实际操作相结合的方式在期中或期末进行。

二、模拟电子技术实验的基本程序

电子技术实验的内容广泛，每个实验的目的、步骤也有所不同，但基本过程却是类似的。为了达到每个实验的预期效果，要求参加实验者做到以下几个方面。

1．实验前的预习

为了避免盲目性，使实验过程有条不紊地进行，每个实验前都要做好以下几个方面实验准备：

（1）阅读实验教材，明确实验目的、任务，了解实验内容及测试方法。

（2）复习有关理论知识并掌握所用仪器的使用方法，认真完成所要求的电路设计、实验底板安装等任务。

（3）根据实验内容拟好实验步骤，选择测试方案。

（4）对实验中应记录的原始数据和待观察的波形，应先列表待用。

2．测试前的准备

上好实验课并严格遵守实验操作规则，是提高实验效果，保证实验质量的重要前提。在线路按要求安装完毕即将通电测试前，应做好以下准备工作。

（1）首先检查 220V 交流电源和实验所需的元器件、仪器仪表等是否齐全并符合要求，检查各种仪器面板上的旋钮，使之处于所需的待用位置。例如，直流稳压电源应置于所需的挡级，并将其输出电压调整到所要求的数值。切勿在调整电压前随意与实验电路板接通。

（2）对照实验电路图，对实验电路板中的元件和接线进行仔细的寻迹检查，检查各引线有无接错，特别是电源与电解电容的极性有无接反，各元件及接点有无漏焊、假焊，并注意防止碰线短路等问题。经过认真仔细检查，确认安装无差错后，方可按前述的接线原则，将实验电路板与电源和测试仪器接通。

三、模拟电子技术实验的操作规程

和其他许多实践环节一样，电子技术实验也有它的基本操作规程。电子技术工作者经常要对电子设备进行安装、调试和测量，因此要求学生一开始就注意培养正确、良好的操作习惯，并逐步积累经验，不断提高实验水平。

1. 实验仪器的合理布局

实验时，各仪器仪表和实验对象（如实验板或实验装置等）之间，应按信号流向，并根据连线简捷、调节顺手、观察与读数方便的原则进行合理布局。

图 1-1-1 为实验仪器的一种布局形式。输入信号源置于实验板的左侧，测试用的示波器与电压表置于实验板的右侧，实验用的直流电源放在中间位置。

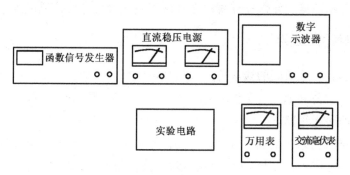

图 1-1-1　实验仪器的布局

2. 电子实验器上的接插、安装与布线

目前，在实验室中常用的各类电子技术实验箱上通常有一块或数块多孔插座板（或称为面包板）。利用这些多孔插座板可以直接接插、安装和连接实验电路而

无须焊接。然而，正确和整齐的布线在这里显得极为重要。这不仅是为了检查、测量的方便，更重要的是可以确保线路稳定可靠地工作，因而是顺利进行实验的基础。实践证明，草率的和杂乱无章的接线往往会使线路出现难以排除的故障，以致最后不得不重新接插和安装全部实验电路，浪费了很多时间。为此，在多孔插座板上接插安装时应注意做到以下几点。

（1）首先要弄清楚多孔插座板和实验箱的结构，然后根据实验箱的结构特点来安排元器件位置和电路的布线。一般应以集成电路或晶体管为中心，并根据输入、输出分离的原则，以适当的间距来安排其他元件。最好先画出实物布置图和布线图，以免发生差错。

（2）接插元器件和导线时要非常细心。接插前，必须先用钳子或镊子把待插元器件和导线的插脚弄平直。接插时，应小心地用力插入，以保证插脚与插座间接触良好。实验结束时，应一一轻轻拔下元器件和导线，切不可用力太猛。注意接插用的元器件插脚和连接导线均不能太粗或太细，一般以线径为 0.5mm 左右为宜，导线的剥线头长度约 10mm。

（3）布线的顺序一般是先布电源线与地线，然后按布线图，从输入到输出依次连接好各元器件和接线。在可能条件下应尽量做到接线短、接点少，但同时又要考虑到测量的方便。

（4）在接通电源之前，要仔细检查所有的连接线。特别应注意检查各电源的连线和公共地线是否接得正确。查线时仍以集成电路或三极管的引脚为出发点，逐一检查与之相连接的元件和连线，在确认正确无误后方可接通电源。

3. 正确的接线规则

（1）仪器和实验板间的接线要用颜色加以区别，以便于检查，如电源线（正极）常用红色，公共地线（负极）常用黑色。接线头要拧紧或夹牢，以防接触不良或因脱落而引起短路。

（2）电路的公共接地端和各种仪表的接地端应连接在一起，既作为电路的参考零点（即零电位点），同时又可避免引起干扰，如图 1-1-2 所示。在某些特殊场合，还需将一些仪器的外壳与大地接通，这样可避免外壳带电而确保人身和设备安全，同时又能起到良好的屏蔽作用。如在焊接和测试 MOS 元件时，电烙铁和测试仪器均要接大地，以防它们漏电而造成 MOS 元件的击穿。

（3）信号的传输应采用具有金属外套的屏蔽线，而不能用普通导线。并且屏蔽线外壳要选择一点接地，否则又可能引进干扰，而使测量结果和波形异常，如图 1-1-3 所示。

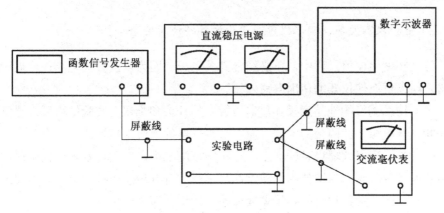

图 1-1-2 仪器与实验电路板的连接

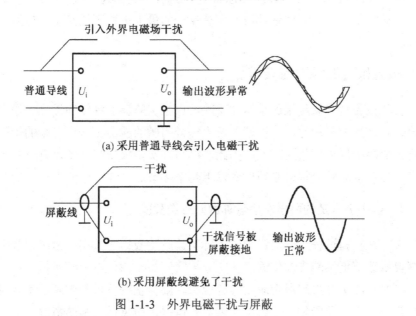

(a) 采用普通导线会引入电磁干扰

(b) 采用屏蔽线避免了干扰

图 1-1-3 外界电磁干扰与屏蔽

4．注意人身和仪器设备的安全

1）注意安全操作规程，确保人身安全

（1）为了确保人身安全，在调换仪器时须切断实验台的电源。另外为防止器件损坏，通常要求在切断实验电路板上的电源后才能改接线路。

（2）仪器设备的外壳如能良好接大地，可防止机壳带电，以保证人身安全。在调试时，要逐步养成用右手进行单手操作的习惯，并注意人体与大地之间有良好的绝缘。

2）爱护仪器设备，确保仪器和实验设备的使用安全

（1）在使用仪器过程中，不必经常开关电源。因为多次开关电源往往会引起冲击，结果反而使仪器的使用寿命缩短。

（2）切忌无目的地随意摆弄仪器面板上的开关和旋钮。实验结束后，通常只要关断仪器电源和实验台的电源，而不必将仪器的电源线拔掉。

（3）为了确保仪器设备的安全，在实验室配电柜、实验台及各仪器中通常都安装有电源保险丝。仪器使用的保险丝，常用的有 0.5A、1A、2A、3A 和 5A 等几种规格，应注意按规定的容量调换保险丝，切勿随意代用。

（4）要注意仪表允许的安全电压（或电流），切勿超过安全电压（或电流）

当被测量的大小无法估计时，应从仪表的最大量程开始测试，然后逐渐减小量程。

四、实验报告的编写与要求

实验报告是实验结果的总结和反映，也是实验课的继续和提高。通过撰写实验报告，使知识条理化，可以培养学生综合问题的能力。一个实验的价值在很大程度上取决于报告质量的高低，因此对编写好实验报告必须予以充分的重视。编写一份高质量的实验报告必须做好以下几个环节。

1. 以实事求是的科学态度认真做好各次实验

（1）在实验过程中，对读测的各种实验原始数据应按实际情况记录下来，不应擅自修改，更不能弄虚作假。

（2）对测量结果和所记录的实验现象，要会正确分析与判断，不要对测量结果的正确与否一无所知，以致出现因数据错误，而重做实验的情况。

如果发现数据有问题，要认真查找线路并分析原因。数据经初步整理后，再请指导教师审阅，然后才可拆线。

2. 实验报告的主要内容包括以下几个方面

（1）实验目的。

（2）实验电路、测试方法和测试设备。

（3）实验的原始数据，波形和现象，以及对它们的处理结果。

（4）结果分析及问题讨论。

（5）收获和体会。

（6）记录所使用仪器的规格及编号（以备以后复核）。

在编写实验报告时，常常要对实验数据进行科学的处理，才能找出其中的规律，并得出有用的结论。常用的数据处理方法是列表和作图。实验所得的数据可分类记录在表格中，这样便于对数据进行分析和比较。实验结果也可绘成曲线，直观地表示出来。在作图时，应合理选择坐标刻度和起点位置（坐标起点不一定要从零开始），并要采用方格纸绘图。当标尺范围很宽时，应采用对数坐标纸。另外，在波形图上通常还应标明幅值、周期等参数。具体到各实验题目，实验报告按不同实验内容有具体要求。

第二章　基础性实验

实验一　常用电子仪器使用练习

一、实验目的

1. 掌握常用电子仪器的基本功能并学习其正确使用方法。
2. 学习掌握用数字示波器观察和测量波形的幅值、频率及相位的方法。

二、预习要求

上网查阅有关仪器设备说明。

三、实验原理

在模拟电子电路实验中，经常使用的仪器有示波器、信号发生器、毫伏表、万用表等。利用这些仪器可以对模拟电子电路的静态和动态工作情况进行测试。

在模拟电子电路实验中，经常使用的仪器有示波器、信号发生器、毫伏表、万用表等。利用这些仪器可以对模拟电子电路的静态和动态工作情况进行测试。

（1）示波器是用于观察各种电信号的波形并测量电压的幅值、频率和相位等综合参数的测量仪器。

（2）函数发生器是能产生多种波形的信号发生器，用于给被测电路提供所需波形、幅值和频率的测量信号。

（3）毫伏表是用于测量正弦交流信号电压大小的电压表，其读数为被测电压的有效值。

（4）数字万用表可用于测量交直流电压、电流，也可测量电阻、电容和半导体的一些参数等。

（5）TPE—ADII 电子技术学习机，不但可以完成《模拟电子技术基础》、《数字电子技术基础》课程要求的基本实验，也可用于模拟/数字综合实验及实用电路的开发实验、元器件测试等多种功能。该学习机主要由电源、信号源、电位器组、线路区等几部分组成。电源及信号源电路如图 2-1-1 和图 2-1-2 所示，线路区电路如图 2-1-3 和图 2-1-4 所示，学习机面板图如图 2-1-5 所示。

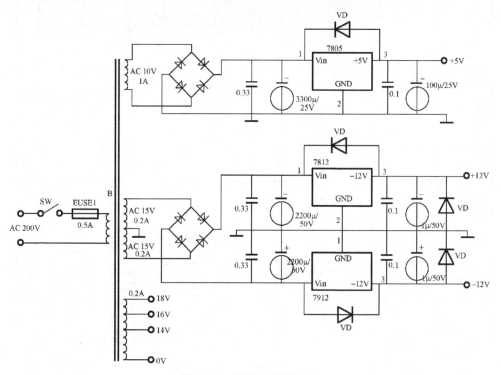

图 2-1-1　直流电源原理图

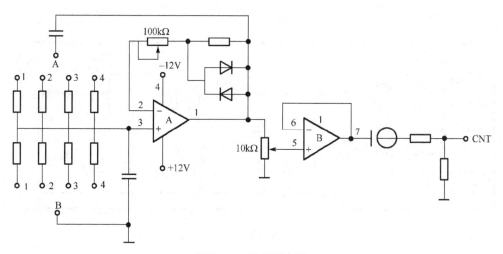

图 2-1-2　信号源电路

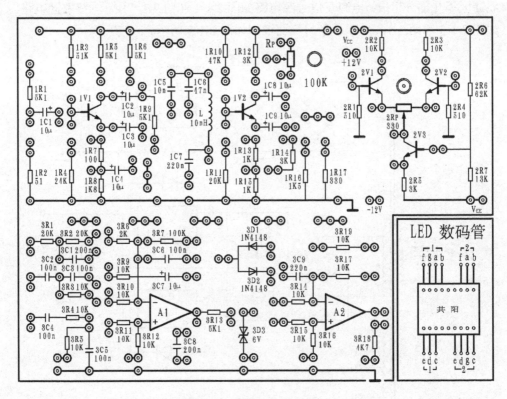

图 2-1-3　实验线路区示意图

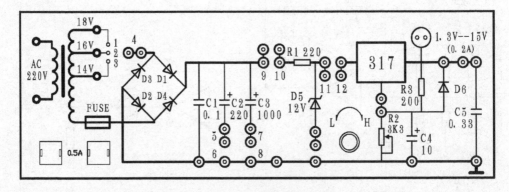

图 2-1-4　电源实验线路区示意图

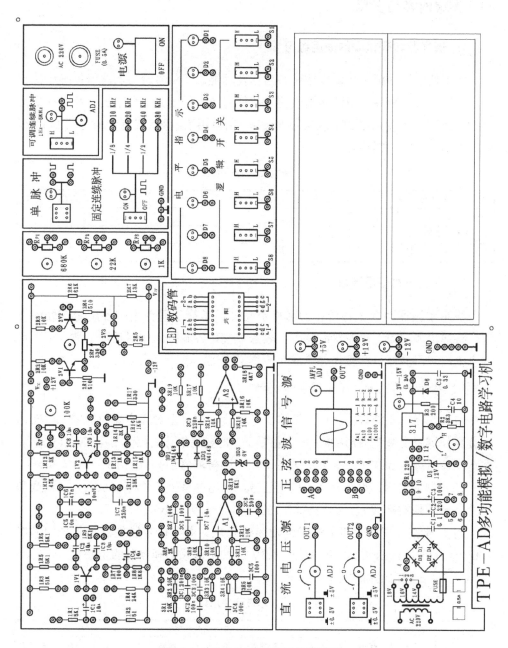

图 2-1-5 TPE-ADⅡ 学习机面板图

四、实验内容与步骤

1. 信号源和毫伏表的使用练习

熟悉信号源面板上各操作按钮的名称及功能。将信号源与示波器正确连接起来，调节信号源幅度旋钮做其输出的有效值为 5V 的正弦信号电压，并保持毫伏表指示为 5V，改变信号源输入信号的频率，用万用表、毫伏表测量相应的电压值，填入表 2-1-1 中，并比较。

表 2-1-1　毫伏表、万用表使用练习

信号源输入频率（Hz）	50	100	1k	20k	50k	100k	150k	200k	300k	500k	1M
毫伏表读数（V）	5										
手持万用表读数（V）											
DM3051 万用表读数（V）											

2. 示波器的使用练习

熟悉示波器面板上各旋钮的名称及功能，掌握正确使用时各旋钮应处的位置。接通电源，检查示波器的亮度、聚焦、位移各旋钮的作用是否正常，按下列内容依次对示波器进行操作并完成对应表格内容。

1）用示波器测量电压、周期和频率

（1）测量电压峰峰值。接入被测信号，读出屏幕上对应信源的伏/格（V/div）的读数和屏幕上被测波形的峰-峰值格数 N，则被测信号的幅值 $V_{P-P} = N \times (V/div)$。注意探头衰减应放在 1∶1，如放在 1∶10，则被测值还需乘上 10。

（2）测量周期、频率。接入被测信号，读出屏幕上的秒/格（t/div）的读数和一个完整周期的格数 M，则被测信号的周期 $T = M \times (t/div)$，$f = 1/T$。

将信号源、毫伏表和示波器正确连接起来。调节信号发生器使其分别输出100Hz、0.5V，1kHz、1V 和 3kHz、0.3V 三种不同频率和幅度的正弦信号，并测定出表 2-1-2 规定的内容。

表 2-1-2　示波器使用练习

信号源输出频率	毫伏表读数（V）	示波器测量值							
		伏/格（V/div）	秒/格（t/div）	高度格数（峰峰）	长度格数（一周期）	峰峰值（V）	有效值（V）	周期 T（s）	频率 f（Hz）
100Hz	0.5								
1kHz	1								
3kHz	0.3								

2）用示波器测量相位差

按图 2-1-6 连接实验电路，经 RC 移相网络获得频率相同但相位不同的两路信号 U_i 或 U_R，分别加到双踪示波器的 CH1 和 CH2 输入端。按自动设置按钮，使在荧屏上显示出易于观察的两个相位不同的正弦波形 U_i 及 U_R，如图 2-1-7 所示。根据两波形在水平方向差距 X 及信号周期 X_T 记入表 2-1-3 中，则可求得两波形相位差 $\theta = \dfrac{X}{X_T} \times 360°$。

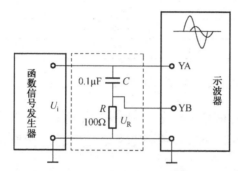

图 2-1-6　测量相位差电路图

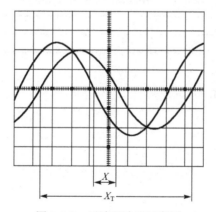

图 2-1-7　示波器波形示意图

表 2-1-3　示波器相位差

一周期格数	两波形 X 轴差距格数	相位差	
		实测值	计算值
$X_T=$	$X=$	$\theta =$	$\theta =$

3）用光标菜单测校正信号（V_{P-P}、T、f）

用示波器自带校准信号（方波 f = 1kHz，电压幅值 3V）作为被测信号，用示波器任意通道显示此波形，练习使用光标菜单，读出其幅值及周期和频率，记入表 2-1-4 中。

表 2-1-4　示波器光标菜单使用练习

参　　　数	标　准　值	实　测　值
幅值 V_{P-P}（V）	3V	
周期 T（ms）	1ms	
频率 f（kHz）	1kHz	

4）用测量菜单测量校正信号（上升时间、$V_{有效值}$、V_{P-P}、T、f）

用示波器自带校准信号（方波 f = 1kHz，电压幅值 3V）作为被测信号，用示波器任意通道显示此波形，练习使用测量菜单，读出其上升时间、V_{P-P} 和 $V_{有效值}$ 等数值，记入表 2-1-5 中。

表 2-1-5　示波器测量菜单使用练习

参数	上升时间	下降时间	…		
数值					

五、实验仪器与设备

1．示波器。
2．函数信号发生器。
3．交流毫伏表。
4．台式万用表。
5．TPE-ADII电子技术学习机。

六、实验报告要求

1．记录原始数据、波形及现象。
2．整理实验数据，按实验内容填入各表格中。
3．根据实验结果，分析得出实验结论。
4．实验体会。重点报告实验过程中的体会及收获哪些知识。

七、实验思考题

1．如何操纵示波器有关旋钮，以便从示波器显示屏上观察到稳定、清晰的波形？

2．信号发生器有哪几种输出波形？

3．交流毫伏表是用来测量正弦波电压还是非正弦波电压？它的表头指示值是被测信号的什么数值？它是否可以用来测量直流电压的大小？

实验二　晶体管共发射极放大电路

一、实验目的

1. 掌握放大电路静态工作点的测量和调试方法。
2. 掌握放大电路交流放大倍数、输入电阻、输出电阻和通频带的测量方法。
3. 研究静态工作点对输出波形的影响和负载对放大倍数的影响。

二、预习要求

1. 复习单级放大电路内容，熟悉基本工作原理及性能参数的理论计算。
2. 根据实验电路图估算其静态工作点、电压放大倍数 A_u、输入电阻 R_i 及输出电阻 R_o，晶体管 $\beta = 100$。

三、实验原理

单级共射放大电路是三种基本放大电路组态之一，基本放大电路处于线性工作状态的必要条件是设置合适的静态工作点 Q，工作点的设置直接影响放大器的性能。若 Q 点选得太高会引起饱和失真；若选得太低会产生截止失真。放大器的动态技术指标是在有合适的静态工作点时，保证放大电路处于线性工作状态下进行测试的。共射放大电路具有电压增益大，输入电阻较小，输出电阻较大，带负载能力强等特点。本实验采用基区分压式偏置电路，具有自动调节静态工作点的能力，所以当环境温度变化或者更换管子时，Q 点能够基本保持不变，其主要技术指标电压放大倍数 A_u，它反映了放大电路在输入信号控制下，将供电电源能量轮换为信号能量的能力；输入电阻 R_i，它的大小决定了放大电路从信号源吸取信号幅值的大小；输出电阻 R_o，它的大小反映了放大电路的带负载能力；通频带 BW，其越宽说明放大电路可正常工作的频率范围越大。各指标的表达式如下。

电压放大倍数：

$$A_u = \frac{-\beta(R_c \parallel R_L)}{r_{be} + (1+\beta)R_e}$$

输入电阻：

$$R_i = R_{b1} \parallel R_{b2} \parallel [r_{be} + (1+\beta)R_e]$$

输出电阻：

$$R_{\text{o}} \approx R_{\text{c}}$$

通频带：

$$BW = f_{\text{H}} - f_{\text{L}}$$

实验电路图如图 2-2-1 所示。

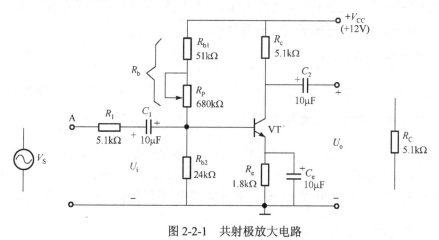

图 2-2-1　共射极放大电路

1．静态工作点测试原理

为了获得最大不失真输出电压，静态工作点应选在输出特性曲线上交流负载线的中点。若工作点选得太高，易引起饱和失真；而选得太低，又易引起截止失真，如图 2-2-2 所示。

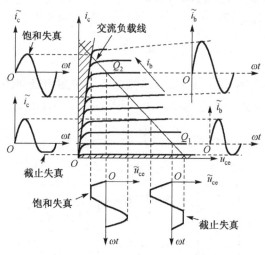

图 2-2-2　静态工作点设置不当引起的失真波形

实验中，如果测得 $V_{CEQ} < 0.5V$，说明三极管已饱和；如果测得 $V_{CEQ} \approx V_{CC}$，则说明三极管已截止。对于线性放大电路，这两种工作点都是不可取的，必须进行参数调整。一般情况下，调整静态工作点，就是调整电路的电阻 R_b。R_b 调小，工作点升高；R_b 调大，工作点降低，从而使 V_{CEQ} 达到合适的值。 由于放大电路中晶体管特性的非线性或不均匀性会造成非线性失真，为了降低这种非线性失真，对输入信号幅值要有一定的限制，不能太大。

2. 动态指标测试原理

放大电路的动态指标包括电压放大倍数、输入电阻、输出电阻及通频带等。

1）电压放大倍数 A_u 测量原理

电压放大倍数的测量实质上是对输入电压 u_i 与输出电压 u_o 的有效值 U_i 和 U_o 的测量。在实际测量时，应注意在被测波形不失真和测试仪表的频率范围符合要求的条件下进行。将所测出的 U_i 和 U_o 值代入下式，则得到的电压放大倍数为：

$$A_u = \frac{U_o}{U_i}$$

放大倍数 A_u 是信号频率的函数，通常测得的是放大电路在中频段（$f = 1\text{kHz}$）的电压放大倍数，即中频电压增益。

2）输入电阻、输出电阻测量原理

放大器的输入电阻 R_i 是向放大器输入端看进去的等效电阻，定义为输入电压 U_i 和输入电流 I_i 之比，即：

$$R_i = \frac{U_i}{I_i}$$

测量 R_i 的方法很多，本实验采用换算法测量 R_i，测量电路如图 2-2-3 所示。在信号源与放大器之间串入一个已知电阻 R，只要分别测出 U_s 和 U_i，则输入电阻为：

$$R_i = \frac{U_i}{I_i} = \frac{U_i}{\dfrac{U_R}{R}} = \frac{U_i}{U_s - U_i} R$$

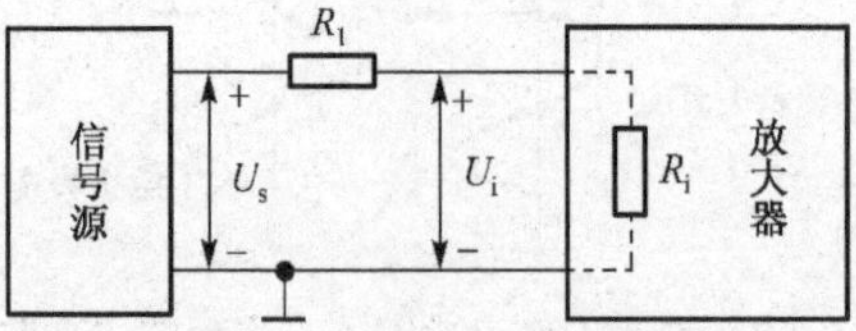

图 2-2-3　换算法测量 R_i 的原理图

放大器的输出电阻是将输入电压源短路时从输出端向放大器看进去的等效内阻。和测量 R_i 一样，仍用换算法测量 R_o，测量电路如图 2-2-4 所示。

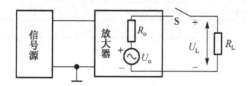

图 2-2-4　换算法测量 R_o 的原理图

在放大器输入端加入一个固定信号电压分别测量负载 R_L 断开和接上时输出电压 U_o、U_L，就可按下式求得输出电阻：

$$R_o = \left(\frac{U_o}{U_L} - 1\right) R_L$$

3）通频带的测量原理

频率响应的测量实质上是对不同频率时放大倍数的测量，一般用逐点法进行测量。在保持输入信号幅值不变的情况下，改变输入信号的频率，逐点测量对应于不同频率时的电压增益，在对数坐标纸画出各频率点的输出电压值并连成曲线，即为放大电路的频率响应。

通常将放大倍数下降到中频电压放大倍数的 0.707 倍时，所对应的频率定义为放大电路上、下截止频率，分别用 f_H 和 f_L 表示，则放大电路的通频带为：

$$BW = f_H - f_L$$

四、实验内容及步骤

1. 静态测量与调整

（1）用万用表判断实验箱上三极管的极性和好坏。

（2）按图 2-2-1 所示连接电路（注意：关断电源后再连线），将 R_P 的阻值调到最大位置。

（3）接线完毕仔细检查，确定无误后接通电源。改变 R_P，使 $I_c \approx 1.2\mathrm{mA}$，此时静态工作点选在交流负载线的中点。用万用表的直流电压挡测量出此时放大电路的静态工作点，将结果填入表 2-2-1 中。

表 2-2-1 静态工作点测量数据

实 测			实 测 计 算	
V_C (V)	V_B (V)	V_E (V)	V_{CE} (V)	V_{BE} (mV)

2. 动态指标测量

（1）按图 2-2-1 所示电路接线，负载电阻取 5.1kΩ。

（2）将信号发生器的输出信号频率调到 f = 1kHz，接到放大电路的输入端，调节信号源电压 U_s 的大小，使放大电路的输入电压 U_i =5mV。用示波器观察 U_i 和 U_o 端波形，并比较相位。

（3）用毫伏表分别测量不接负载 R_L 时的输出电压 U_o 和接入 R_L 时输出电压 U_L 值并填入表 2-2-2 中。计算 $A_{uo} = U_o/U_i$ 和 $A_{ul} = U_L/U_i$。

（4）计算输出电阻：

$$R_o = \left(\frac{U_o}{U_L} - 1 \right) R_L$$

用毫伏表测量输入端信号 U_s，计算输入电阻：

$$R_i = \frac{U_i}{U_s - U_i} R$$

然后将结果填入表 2-2-3 中。

表 2-2-2 电压放大倍数测量数据

实 测				实 测 计 算	
U_s (mV)	U_i (mV)	U_o (V)	U_L (V)	A_{uo}	A_{ul}

表 2-2-3 输入电阻、输出电阻测量数据

输入电阻 R_i	输出电阻 R_o

（5）通频带的测量。

保持输入信号 U_i = 5mV 不变，改变输入信号的频率，使输出电压下降到 $U_L' = 0.707U_L$，可读出信号源对应的两个频率，分别为下限截止频率 f_L 和上限截止频率 f_H，并求出通频带宽 BW，将数据填入表 2-2-4 中

表 2-2-4　通频带测量数据

U'_L f	$U'_L = 0.707U_L$	$BW = f_H - f_L$
f_L		
f_H		

3．观察由于静态工作点选择不合理而引起输出波形的失真

调节 U_s，使 $U_i = 8mV$ 左右。这时，输出信号应为不失真的正弦波。

（1）将 R_p 的阻值增至最大，观察输出波形是否出现截止失真，在表 2-2-5 中描述此时的波形（若波形失真不够明显，可适当加大 U_s）。

（2）将 R_p 的阻值减小，观察输出波形是否出现饱和失真，在表 2-2-5 中描述此时的波形。

表 2-2-5　输出失真波形图

工 作 状 态	输 出 波 形
饱和	
截止	

五、实验仪器与设备

1．模拟电路实验箱。

2．示波器。

3．信号发生器。

4．万用表。

5．交流毫伏表。

六、实验报告要求

1．原始记录（数据、波形、现象）。

2．画出实验电路，简述所做实验内容及结果。

3．整理实验数据，按内容要求填入各表格中，并与理论估算值比较。

4．根据实验结果，讨论静态工作点变化对放大器性能的影响。

5．实验体会。重点报告实验中体会较深、收获较大的一、两个问题（如果实验中出现故障，应将分析故障、查找原因作为重点报告内容）

七、思考题

1. 不用示波器观察输出波形，仅用晶体管毫伏表测量所得出的放大电路的输出电压值 U_o，是否有意义？

2. 在图 2-2-1 所示的电路中，上偏置电阻 R_{b1} 起什么作用？既然有了 R_P，去掉该电阻可否？为什么？

3. 改变静态工作点，对放大电路有何影响？如果输出波形出现失真应如何调整电路。

实验三　场效应管共源极放大电路

一、实验目的

1．学会用面包板搭建电子电路。
2．通过本实验熟悉场效应管共源放大器的性能特点。
3．进一步掌握放大器主要性能指标的测量和调试方法。

二、预习要求

1．复习有关场效应管的内容。
2．分别用图解法与计算法估算管子的静态工作点（根据实验电路参数）。
3．估算出电路图动态指标 A_u、R_o 的值。

三、实验原理

场效应管是一种利用电场效应来控制其电流大小的半导体器件，按结构可分为结型和绝缘栅型两种。由于场效应管输入电阻很高（一般可达上百兆欧），热稳定性好，抗辐射能力强，噪声系数小，加之制造工艺较简单，便于大规模集成，因此得到越来越广泛的应用。与晶体管比较，场效应管具有下列特点。

（1）输入阻抗高。结型管的输入阻抗大于 $10^7 \Omega$，MOS 管的则更高，而晶体管的输入阻抗约为千欧数量级。

（2）跨导 g_m 比较小。约在 mS 数量级，而晶体管的跨导高达几十 mS（毫西）。

（3）场效应管只有一种载流子导电，而晶体管则有两种载流子导电，因此场效应管受温度或核辐射等外界因素的影响较小。

（4）噪声一般比晶体管的小。

（5）一般情况下，源极 S 极和漏极 D 由于结构对称，可互换使用。

（6）耗尽型 MOS 管栅压可在正值或负值下工作，使用比较灵活方便。

（7）由于 MOS 管的氧化膜很薄，而输入阻抗又很高，少量的感应电荷就会产生相当大的电压，导致绝缘层击穿。因此，测量或焊接时，仪器或烙铁应有良好的接地。

由场效应管组成的放大电路和晶体管一样，要建立合适的静态工作点，所不同的是场效应管是电压控制器件，因此它需要有合适的栅极电压。本实验用结型场效应管接成的自给栅偏压共源放大器的实验电路，如图 2-3-1 所示。图中，R_2 和 R_W 为自给栅偏压电阻，设静态漏极电流为 I_{dQ}，则栅极偏压为

$$V_{gsQ} = -I_{dQ}(R_2 + R_W)$$

其中，$I_{dQ} = I_{DSS}\left(1 - \dfrac{V_{gsQ}}{V_p}\right)$。

因此，当改变 R_W 来调整静态工作点电流时，I_{dQ} 应由上述两式联立确定。

R_d 为直流负载电阻，R_L 为输出负载电阻。则增益的表示式为

$$A_u = -g_m \frac{R_d R_L}{R_d + R_L}$$

式中，跨导 g_m 比较小，因此要提高 A_u，必须增大 R_d 和 R_L 相应地漏极电源电压也必须提高。因场效应管容易受到 50Hz 交流市电的干扰。为了防止干扰，测量时整个放大器必须放在屏蔽盒内。

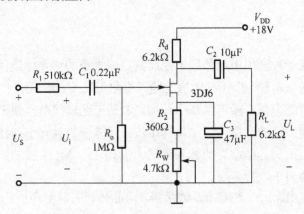

图 2-3-1　场效应管共源放大电路

四、实验内容及步骤

1. 静态工作点的测量和调整

在面包板上按图 2-3-1 连接电路，先不接入信号源 U_s，接通 +18V 电源，调节电位器 R_W，使漏极电流 $I_{dQ} \approx 1\text{mA} \sim 1.5\text{mA}$，用万用表测量场效应管三个极对地的电压，即 V_G、V_S 和 V_D，将结果记入表 2-3-1 中。

表 2-3-1　场效应管放大电路静态工作点测量数据

V_G（V）	V_S（V）	V_D（V）	V_{DS}（V）	V_{GS}（V）

2．电压放大倍数 A_u、输出电阻 R_o 的测量

1）电压放大倍数 A_u 的测量

将信号发生器的输出信号频率调到 $f = 1\mathrm{kHz}$，接到放大电路的输入端，调节信号源电压 U_s 的大小，使 $U_i \approx 50\sim100\mathrm{mV}$，并用示波器监视输出电压 U_o 的波形。在输出电压没有失真的条件下，用交流毫伏表分别测量 $R_L=\infty$（空载）时的输出电压 U_o 和 $R_L = 6.2\mathrm{k\Omega}$ 时的输出电压 U_L（注意：保持 U_i 幅值不变），记入表 2-3-2 中。用示波器同时观察 U_i 和 U_o 的波形，分析它们的相位关系。

表 2-3-2　场效应管放大电路电压放大倍数测量数据

测　量　值				放　大　倍　数	
U_s（mV）	U_i（mV）	U_L（V）	U_O（V）	A_{uL}	A_{uo}

2）输出电阻 R_o 的测量

在实验中用"串联电阻法"测量放大电路的输出电阻 R_o。

输出电阻的测量方法如图 2-3-2 所示，在输出波形不失真的情况下，用毫伏表分别测量接入负载 R_L 的输出电压 U_L 和不接入负载 R_L 时的输出电压 U_o，用下式求得输出电阻值 R_o：

$$R_o = \left(\frac{U_o}{U_L} - 1 \right) R_L$$

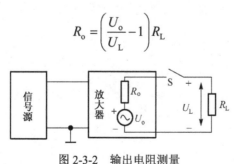

图 2-3-2　输出电阻测量

五、实验仪器与设备

1. 面包板。
2. 示波器。
3. 信号发生器。
4. 万用表。
5. 交流毫伏表。
6. 结型场效应管。

六、实验报告要求

1. 原始记录（数据、波形、现象）。
2. 画出实验电路，简述所做实验内容及结果。
3. 整理实验数据，按内容要求填入各表格中，并与理论估算值比较。
4. 根据实验结果，总结场效应管放大器的特点。
5. 实验体会。重点报告实验中体会较深、收获较大的一两个问题（如果实验中出现故障，应将分析故障、查找原因作为重点报告内容）。

七、思考题

1. 能否用三用表欧姆挡检查结型场效应管的好坏和判别沟道的类型？
2. 根据实验结果分析场效应管和晶体管的区别。

实验四　三种组态放大电路的性能比较

一、实验目的

1．掌握三种组态放大电路结构特点。
2．比较三种组态放大电路的电压增益和输入/输出相位特点。
3．比较各组态输入、输出电阻大小的关系。

二、预习要求

1．复习放大电路静态工作点的估算方法。
2．复习三种组态放大电路动态指标的计算方法。
3．复习三种组态放大电路各自的特点及应用场合。

三、实验原理

1．三种组态放大电路的判别

放大电路三种组态以输入、输出信号的位置为判断依据：
信号由基极输入、集电极输出——共射极放大电路
信号由基极输入、发射极输出——共集电极放大电路
信号由发射极输入、集电极输出——共基极电路

2．三种组态放大电路性能特点

共射极放大电路：电压和电流增益都大于1，输入电阻在三种组态中居中，输出电阻与集电极电阻有很大关系。适用于低频情况下，作多级放大电路的中间级。

共集电极放大电路：只有电流放大作用，没有电压放大，有电压跟随作用。在三种组态中，输入电阻最高，输出电阻最小，频率特性好。可用于输入级、输出级或缓冲级。

共基极放大电路：只有电压放大作用，没有电流放大，有电流跟随作用，输入电阻小，输出电阻与集电极电阻有关。高频特性较好，常用于高频或宽频带低输入阻抗的场合，模拟集成电路中亦兼有电位移动的功能。

本实验用实验箱依次接入三种组态电路,分别对比其静态动态性能,实验电路图如 2-4-1 所示。

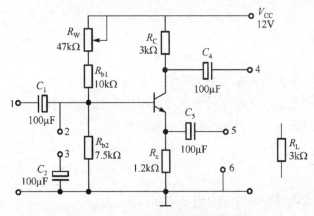

图 2-4-1　三种组态放大电路接线图

四、实验内容及步骤

1. 静态工作点调试方法

接线完毕仔细检查,确定无误后接通电源。调节电位器 R_W,使集电极电流 $I_c \approx 2\text{mA}$,此时静态工作点选在交流负载线的中点。用万用表的直流电压挡测量出此时放大电路的静态工作点,三种组态的直流通路相同,所以静态工作点相同,将结果填入表 2-4-1 中。

表 2-4-1　静态工作点测量数据

实　测			实测计算	
V_C (V)	V_B (V)	V_E (V)	V_{CE} (V)	V_{BE} (mA)

2. 动态指标测量

(1)按图 2-4-1 电路连线:若 5、6 短接,信号从 1 端输入、4 端输出,则示教电路组成共发组态放大器;若 2、3 短接,信号从 5 端输入、4 端输出,则组成共基组态放大器;若 4、6 短接,信号从 1 端输入、5 端输出,则组成共集组态放大器。将信号发生器的输出信号频率调到 $f = 1\text{kHz}$,接到放大电路的输入端,调节 U_s 的幅度大小,使 $U_i = 5\text{mV}$,用毫伏表分别测量接入负载 R_L 的输出电压

U_L 和不接入负载 R_L 时的输出电压 U_o，再计算出各自的电压放大倍数，将结果填入表 2-4-2 中。

表 2-4-2 三种组态放大电路电压放大倍数测量数据

组 态	实 测				实 测 计 算	
	U_S（mV）	U_i（mV）	U_o（mV）	U_L（mV）	A_{Uo}	A_{UL}
共射组态						
共集组态						
共基组态						

（2）输入输出电阻测量方法。用实验二中所述的"换算法"测量放大电路的输入电阻和输出电阻。

在信号源输出端与放大器输入端之间，串联一个已知电阻 R，在输出波形不失真情况下，分别测量出 U_s 与 U_i 的值，其等效电路如图 2-4-2 所示，这个串联电阻即为原理图的 R_1 电阻，所以输入电阻可由下式求得：

$$R_i = \frac{U_i}{U_s - U_i} R$$

同理，输出电阻的测量方法如图 2-4-3 所示，在输出波形不失真的情况下，用毫伏表分别测量接入负载 R_L 的输出电压 U_L 和不接入负载 R_L 时的输出电压 U_o，用下式求得输出电阻值：

$$R_o = \left(\frac{U_o}{U_L} - 1 \right) R_L$$

将输入、输出电阻填入表 2-4-3 中。

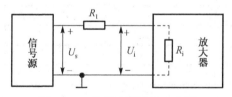

图 2-4-2 换算法测量输入电阻

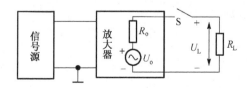

图 2-4-3 换算法测量输出电阻

表 2-4-3　输入、输出电阻测量数据

组态	输入电阻 R_i	输出电阻 R_o
	实测计算	实测计算
共射组态		
共集组态		
共基组态		

（3）通频带的测量。

保持输入信号 $U_i = 5\text{mV}$ 不变，改变输入信号的频率，使输出电压下降到 $U'_L = 0.707U_L$，可读出信号源对应的两个频率，分别为下限截止频率 f_L 和上限截止频率 f_H，并求出通频带宽 BW。分别测量并记录三种组态放大电路的通频带并将数据填入表 2-4-4 中。

表 2-4-4　通频带测量数据

组态 ＼ f	f_H	f_L	$BW = f_H - f_L$
共射组态			
共集组态			
共基组态			

3．观测输入、输出波形相位关系

将示波器两路测试通道分别接入三种组态电路的输入和输出部分,观察各组态相位关系，并定性画于表 2-4-5 中。

表 2-4-5　三种组态放大电路输入、输出相位关系

组　态	输入/输出波形
共射组态	
共集组态	
共基组态	

五、实验仪器与设备

1．模拟电路实验箱。

2．示波器。

3．信号发生器。

4．万用表。

5．交流毫伏表。

六、实验报告要求

1．简述实验目的、实验原理，画出实验电路图。

2．简述所做实验内容及步骤，整理实验数据。

3．列表比较电压放大倍数，输入电阻、输出电阻的理论值和实测值，分析误差原因。

4．根据实验结果，讨论三种组态放大电路各性能特点，并分析都适用于哪种场合下。

5．结合思考题的问题，分析得出实验结论。

七、思考题

1．若想用于多级放大电路的输出级应选哪种组态电路。

2．若想用于多级放大电路的输入级应选哪种组态电路。

实验五　差分放大电路

一、实验目的

1. 熟悉差分放大电路工作原理。
2. 掌握差分放大电路的基本测试方法。

二、预习要求

1. 复习差分放大电路的原理。
2. 计算 4 种接法的差分放大器的各项技术指标。

三、实验原理

　　差分放大电路是构成多级直接耦合放大电路的基本单元电路，由典型的工作点稳定电路演变而来。特点是静态工作点稳定，对共模信号有很强的抑制能力，它唯独对输入信号的差（差模信号）做出响应。为进一步减小零点漂移问题而使用了对称晶体管电路，以牺牲一个晶体管放大倍数为代价获取了低温漂的效果。它还具有良好的低频特性，可以放大变化缓慢的信号，由于不存在电容，可以不失真的放大各类非正弦信号如方波、三角波等。差分放大电路有 4 种接法：双端输入单端输出、双端输入双端输出、单端输入双端输出、单端输入单端输出。

　　由于差分电路分析一般基于理想化（不考虑元件参数不对称），因而很难做出完全分析。为了进一步抑制温漂，提高共模抑制比，实验所用电路使用 VT3 组成的恒流源电路来代替一般电路中的 R_e，它的等效电阻极大，从而在低电压下实现了很高的抑制温漂和共模抑制比。为了达到参数对称，因而提供了 R_{P1} 来进行调节，称为调零电位器。实际分析时，如认为恒流源内阻无穷大，那么共模放大倍数 $A_c=0$。分析其双端输入双端输出差模交流等效电路时认为参数完全对称。

　　设 $\beta_1 = \beta_2 = \beta$，$r_{be1} = r_{be2} = r_{be}$，$R' = R'' = \dfrac{R_{P1}}{2}$，因此有公式如下：

$$\Delta u_{id} = 2\Delta i_{B1}(r_{be} + (1+\beta)R'), \Delta u_{od} = -2\beta\Delta i_{B1} \cdot (R_c /\!/R_L / 2)$$

　　差模放大倍数：

$$A_d = \frac{\Delta u_{od}}{\Delta u_{id}} = -\beta \frac{R_c /\!/R_L / 2}{r_{be} + (1+\beta)R'} = 2A_{d1} = 2A_{d2}, R_o = 2R_c$$

同理分析双端输入单端输出有：

$$A_{\mathrm{d}} = -\frac{1}{2}\beta\frac{R_{\mathrm{c}}\|R_{\mathrm{L}}}{r_{\mathrm{be}}+(1+\beta)R'}, R_{\mathrm{o}} = R_{\mathrm{c}}$$

单端输入时：其 A_{d}、R_{o} 由输出端是单端或是双端决定，与输入端无关。其输出必须考虑共模放大倍数：

$$U_{\mathrm{o}} = A_{\mathrm{d}}\Delta u_{\mathrm{i}} + A_{\mathrm{c}}\cdot\frac{\Delta u_{\mathrm{i}}}{2}$$

无论何种输入输出方式，输入电阻不变：

$$r_{\mathrm{i}}' = 2(r_{\mathrm{be}}+(1+\beta)R')$$

为了获得对地平衡的双端输入差模信号，在差分放大器的输入端接有输入变压器 Tr，其在次级 A 点和 B 点将输出大小相等、相位相反的两差模信号，如图 2-5-1 所示。若要获得单端输入的差模信号，应将 B 点与 b_2 之间的连线断开，B 点接地；若要获得共模输入信号，则不用变压器，将 b_1 和 b_2 用导线连接起来，直接接入信号源进行实验。

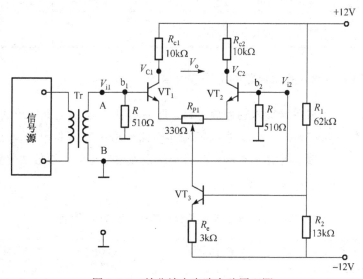

图 2-5-1　差分放大电路实验原理图

四、实验内容及步骤

1. 测量静态工作点

（1）调零。将输入端短路并接地，接通直流电源，调节电位器 R_{P1} 使双端输出电压 $V_{\mathrm{o}} = 0$。

（2）测量静态工作点。测量三个三极管各极对地电压并将测量结果填入表 2-5-1 中。

表 2-5-1　静态工作点测量数据

对地电压	V_{E1}	V_{E2}	V_{E3}	V_{B1}	V_{B2}	V_{B3}	V_{C1}	V_{C2}	V_{C3}
测量值（V）									

2．测量双端输入差模电压放大倍数

按图 2-5-1 连线，即 A 与 b_1 连接，B 与 b_2 连接，调节信号源，使输入端分别加入大小相等，相位相反的两差模电压信号 $U_{id} = \pm 10mV$，按表 2-5-2 要求测量并记录，其中 U_{od1} 和 U_{od2} 为单端输出电压值，U_{od} 为双端输出电压值，并由测量数据算出单端和双端输出的电压放大倍数。

表 2-5-2　双端输入差模电压放大倍数

测量计算值 双端输入信号 U_{id}	测量电压值			双端输出放大倍数 A_{ud}	单端输出放大倍数	
	U_{od1}	U_{od2}	U_{od}		A_{ud1}	A_{ud2}
10mV						
−10mV						

3．测量单端输入差放电路的电压放大倍数

在实验板上组成单端输入的差放电路，即应将 B 点与 b_2 之间的连线断开，B 点接地，进行下列实验：从 b_1 端输入交流信号 $U_i = 20mV$，测量单端及双端输出，按表 5-3 记录电压值。计算单端输入时的单端及双端输出的电压放大倍数。将测量结果填入表 2-5-3 中。

表 2-5-3　单端输入差分放大电路电压放大倍数数据

测量计算值 单端输入信号 U_i	测量电压值			双端输出放大倍数 A_{ud}	单端输出放大倍数	
	U_{od1}	U_{od2}	U_{od}		A_{ud1}	A_{ud2}
正弦信号(20mV、1kHz)						

4．测量共模输入电压放大倍数

将输入端 b_1、b_2 短接，直接接至信号源的输入端，信号源另一端接地。施加 $f = 1kHz$，共模输入电压信号 U_{ic} 约等于 0.5V 的正弦信号。在输出不失真的情况

下，分别测出单端输出电压U_{oc1}、U_{oc2}，将测量结果填入表 2-5-4 中，由测量数据算出单端和双端输出的电压放大倍数。进一步算出共模抑制比 $k_{CMR}=\left|\dfrac{A_{ud}}{A_{uc}}\right|$。

表 2-5-4 共模输入电压放大倍数

测量及计算值 输入信号 U_{ic}	共模输入			
	测量值（V）			
	U_{oc1}	U_{oc2}	U_{oc}	A_{uc}
0.5V				

五、实验仪器与设备

1．模拟电路实验箱。

2．示波器。

3．信号发生器。

4．万用表。

5．交流毫伏表。

6．变压器。

六、实验报告要求

1．根据实测数据计算图 2-5-1 电路的静态工作点，与预习计算结果相比较。

2．整理实验数据，计算各种接法的电压放大倍数 A 并与理论计算值相比较。

3．计算实验步骤 4 中共模抑制比 CMRR 值。

4．总结差放电路的性能和特点。

七、思考题

1．调零时，应该用万用表还是毫伏表来测量差分放大器的输出电压？

2．为什么不能用毫伏表直接测量差分放大器的双端输出电压 U_{od}，而必须由测量 U_{od1} 和 U_{od2}，再经计算得到？

实验六　负反馈放大电路

一、实验目的

1. 研究负反馈对放大电路性能的影响。
2. 掌握负反馈放大电路性能的测试方法。

二、预习要求

1. 复习负反馈的基本概念及工作原理。
2. 设图 2-6-2 电路晶体管 β 值为 40，计算该放大电路开环和闭环电压放大倍数。

三、实验原理

负反馈放大电路的原理框图如图 2-6-1 所示。

图中，X_o 为输出量，X_f 为反馈量，X_i 为净输入量。负反馈放大电路的一般关系式为：

$$A_f = \frac{X_o}{X_s} = \frac{A}{1 + AF}$$

其中，$A = \dfrac{X_o}{X_i}$ 为开环增益，$F = \dfrac{X_f}{X_o}$ 为反馈系数。在 $AF \gg 1$ 的条件下，即所谓位的深度负反馈情况下，$A_f \approx \dfrac{1}{F}$，即负反馈放大器的增益仅由外部反馈网络来决定，与放大器本身的参数无关。（1+AF）称为反馈深度，负反馈对放大器性能改善的程度均与（1+AF）有关。

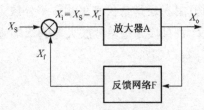

图 2-6-1　负反馈放大电路原理框图

负反馈对放大器性能主要有以下几个方面的影响。

（1）降低了增益。

（2）提高了增益的稳定性。

（3）改变了输入电阻，串联负反馈使输入电阻增加，并联负反馈使输入电阻减小。

（4）改变输出电阻，电压负反馈使输出电阻减小，电流负反馈使输出电阻增加。

（5）拓展了通频带。

本实验电路为电压串联负反馈，引入这种反馈会增大输入电阻，减小输出电阻。公式如下：

$$A_f = \frac{A}{1 + AF}$$

$$f_{Hf} = (1 + AF)f_H$$

$$f_{Lf} = \frac{f_L}{1 + AF}$$

$$R_{if} = (1 + AF)R_i$$

$$R_{of} = \frac{R_o}{1 + AF}$$

分析本实验电路（图 2-6-2），与两级分压偏置电路相比，增加了 R_6，R_6 引入电压交直流负反馈，从而加大了输入电阻，减小了放大倍数。此外 R_6 与 R_F、C_F 形成了负反馈回路，从电路上分析，$F = \dfrac{U_f}{U_o} \approx \dfrac{R_6}{R_6 + R_F} = \dfrac{1}{31} = 0.323$。

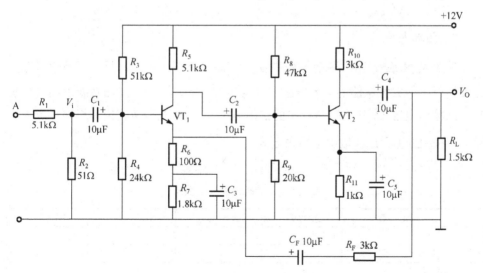

图 2-6-2 负反馈放大电路实验图

四、实验内容及步骤

1. 静态工作点的测量

在实验箱上按图 2-6-1 连接，分别测量两个三极管三个极对地电压,并将结果填入表 2-6-1 中。

表 2-6-1　静态工作点测量数据

	V_C（V）	V_B（V）	V_E（V）	V_{BE}（V）
VT1				
VT2				

2. 动态性能测试

1）开环电路

按图 2-6-2 接线，但反馈网络电阻 R_F 和 C_F 先不接入。输入端接入频率为 $f =$ 1kHz 的正弦电压信号。调节信号源的幅度旋钮，使放大电路的输入电压有效值为 $U_i = 0.5$mV。按表 2-6-2 要求测量带负载时的输出电压 U_L 和不带负载时的输出电压 U_o，并根据实测值计算开环放大倍数 A_u 和输出电阻 R_o，其中 $A_u = \dfrac{U_o}{U_i}$，输出电阻由公式 $R_o = \left(\dfrac{U_o}{U_L} - 1 \right) R_L$ 计算。

2）闭环电路

接通 R_F 和 C_F，输入端接入频率为 $f = 1$kHz 的正弦电压信号。调节信号源的幅度旋钮，使放大电路的输入电压有效值为 $U_i = 1$mV。按表 2-6-2 要求测量带负载时的输出电压 U_L 和不带负载时的输出电压 U_o，并根据实测值计算闭环放大倍数 A_{uf} 和输出电阻 R_o，输出电阻由公式 $R_o = \left(\dfrac{U_o}{U_L} - 1 \right) R_L$ 计算。

表 2-6-2　动态性能测试数据

	R_L（kΩ）	U_i（mV）	U_o（mV）	A_u（A_{uf}）	R_o（Ω）
开环	∞	0.5			
	1.5	0.5			
闭环	∞	1			
	1.5	1			

3）通频带的测量

保持输入信号 $U_i = 1\text{mV}$ 不变，改变输入信号的频率，使输出电压下降到 $U'_L = 0.707 U_L$，可读出信号源对的两个频率，分别为下限截止频率 f_L 和上限截止频率 f_H。分别测量开环和闭环情况下的通频带，并将结果填入表 2-6-3 中。

表 2-6-3 通频带测量数据

	f_H（Hz）	f_L（Hz）	BW（Hz）
开环			
闭环			

五、实验仪器与设备

1. 模拟电路实验箱。

2. 示波器。

3. 信号发生器。

4. 万用表。

5. 交流毫伏表。

六、实验报告要求

1. 原始记录（数据、波形、现象）。

2. 画出实验电路，简述所做实验内容及结果。

3. 整理实验数据，按内容要求填入各表格中，并与理论估算值比较。

4. 根据实验结果，总结引入负反馈对放大电路性能的影响。

5. 实验体会。重点报告实验中体会较深、收获较大的一两个问题（如果实验中出现故障，应将分析故障、查找原因作为重点报告内容）

七、思考题

1. 计算（1+AF）的值，比较开环、闭环测得的数据是否与之有关？

2. 对多级放大电路应从末级向输入级引入负反馈，为什么？

3. 思考为何要求开环电路的输入信号大小相较闭环电路的要小一些？

实验七　集成运放基本运算电路

一、实验目的

1. 掌握用集成运算放大电路组成比例、求和电路的特点及性能。
2. 学会上述电路的测试和分析方法。

二、预习要求

1. 复习集成运放组成反相比例、同相放大、求和及求差电路的方法。
2. 复习上述运算电路放大倍数的估算方法。

三、实验原理

集成运算放大器是一种具有高电压放大倍数的直接耦合多级放大电路。当外部接入不同的线性或非线性元器件组成输入和负反馈电路时，可以灵活地实现各种特定的函数关系。在线性应用方面，可组成比例、加法、减法、积分、微分、对数等模拟运算电路。

在大多数情况下，将运放视为理想运放，就是将运放的各项技术指标理想化，满足下列条件的运算放大器称为理想运放。

① 开环电压增益：$A_{ud} = \infty$。

② 输入阻抗：$R_i = \infty$。

③ 输出阻抗：$R_o = 0$。

④ 带宽：$BW = \infty$。

⑤ 失调与漂移均为零等。

理想运放在线性应用时的两个重要特性：

（1）输出电压 U_o 与输入电压之间满足关系式

$$U_o = A_{ud}(U_+ - U_-)$$

由于 $A_{ud} = \infty$，而 U_o 为有限值，因此 $U_+ - U_- \approx 0$。即 $U_+ \approx U_-$，称为"虚短"。

（2）由于 $R_i = \infty$，故流进运放两个输入端的电流可视为零，即 $I_{IB} = 0$，称为"虚断"。这说明运放对其前级吸取电流极小。

上述两个特性是分析理想运放应用电路的基本原则，可简化运放电路的计算。

四、实验内容及步骤

1. 测试集成运算放大器的好坏

如图 2-7-1 所示，电路为电压串联负反馈，根据"虚短"有 $U_o = U_- \approx U_+$，因此这一种电路也为电压跟随器。按照图 2-7-1 接好电路，在同相输入端加入直流信号电压 U_i，用万用表直流电压挡测试输出电压 U_o，若均有 $U_o \approx U_i$，则此集成运放为功能正常的。若无此电压跟随关系，找实验教师更换本实验箱的集成运放元件。

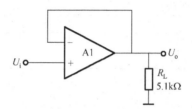

图 2-7-1　电压跟随电路

2. 同相比例放大电路

如图 2-7-2 所示，电路为电压串联负反馈："虚断"有 $i_+ = i_- = 0$，所以 $U_B = U_i$；"虚短"有 $U_A = U_B = U_i$，所以 $U_o = \dfrac{U_A}{R_1}(R_1 + R_F) = \left(1 + \dfrac{R_F}{R_1}\right)U_i$。

按照图 2-7-2 接好电路，在同相端加入直流信号电压 U_i。按表 2-7-2 要求调节 U_i 值，用电压表的直流电压挡分别测出相对应的输出电压 U_o，并与理论估计值比较。

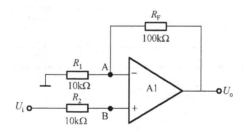

图 2-7-2　同相比例放大电路

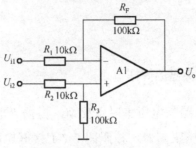

图 2-7-3 减法放大电路

表 2-7-2 同相比例放大电路测量数据

直流输入电压 U_i（V）		0.5	−0.5
输出电压 U_O	理论估算（V）		
	实际值（V）		
	误差（mV）		

3. 减法放大电路

实验电路如图 2-7-3 所示，电路为电压串并联反馈电路，由"虚短"、"虚断"分析得：

$$U_o = \frac{R_3}{R_2 + R_3} \cdot \frac{R_1 + R_F}{R_1} U_{i2} - \frac{R_F}{R_1} U_{i1} = 10(U_{i2} - U_{i1})$$

按照图 2-7-3 接好电路，在反相端和同相端分别加入直流信号电压 U_{i1} 和 U_{i2}，按表 2-7-3 要求调节 U_i 值，用电压表的直流电压挡分别测出相对应的输出电压 U_o，并与理论估计值比较。

表 2-7-3 减法放大电路测量数据

U_{i1}（V）	2	0.2
U_{i2}（V）	1.8	−0.2
U_O（V）		
$U_{O估}$（V）		

4. 反相比例放大电路的设计与测试

1）设计要求

基于实验箱的以下分立元件：阻值分别为 10kΩ、10kΩ、100kΩ的三个电阻

及一个集成运算放大器µA741，设计一个反相比例放大电路，使其闭环增益为
−10。要求画出设计的电路图，标注输入输出电压。

2）电路测试

在反相输入端加上频率为 $f = 1kHz$ 的输入信号，用数字示波器观察输入输
出端的电压波形，并测量出在输出无失真情况下的输入输出电压的有效值，填入
表 2-7-4 中，并验证是否符合设计要求。

表2-7-4 反相比例放大电路测试数据

输入电压 U_i（V）		输入输出波形
输出电压 U_o（V）		
闭环增益（计算）		

5. 反相求和电路的设计与测试

1）设计要求

基于实验箱的以下分立元件：阻值分别为 10kΩ、10kΩ、10kΩ 和 100kΩ 的四
个电阻及一个集成运算放大器µA741，设计一个反相求和放大电路，使其输出电
压和输入电压关系满足：$U_o = -10(U_{i1} + U_{i2})$。要求画出设计的电路图，标注输入
输出电压。

2）电路测试

在反相输入端 U_{i1} 和 U_{i2} 上分别加上频率为 $f = 1kHz$、有效值为 $U_{i1} = U_{i2} =$
10mV 的相位相同输入信号，用数字示波器观察输入输出端的电压波形，并测量
出在输出无失真情况下的输出电压的有效值，填入表 2-7-5 中，并验证是否符合
设计要求。

表2-7-5 反相求和电路测试数据

输入电压 U_{i1}（V）	10mV	输入输出波形
输入电压 U_{i2}（V）	10mV	
输出电压 U_o（V）		

五、实验仪器与设备

1. 数字万用表。
2. TPE-ADII 电子技术学习机。
3. 示波器。

六、实验报告要求

1. 原始记录（数据、波形、现象）。
2. 画出实验电路，简述所做实验内容及结果。
3. 整理实验数据，按内容要求填入各表格中，并与理论估算值比较。
4. 根据实验结果，总结本实验中 5 种运算电路的特点及性能。
5. 实验体会。重点报告实验中体会较深、收获较大的一两个问题（如果实验中出现故障，应将分析故障、查找原因作为重点报告内容）。

七、思考题

1. 运算放大器作比例放大时，R_1 与 R_f 的阻值误差为 ±10%，试问如何分析和计算电压增益的误差。
2. 用虚短、虚断分析推导反相比例放大电路及反相求和电路的关系式。

实验八　RC 正弦波振荡器

一、实验目的

1．掌握桥式 RC 正弦波振荡电路的构成及工作原理。
2．熟悉正弦波振荡电路的调整、测试方法。
3．观察 RC 参数对振荡频率的影响，学习振荡频率的测定方法。

二、预习要求

1．复习 RC 桥式振荡电路的工作原理。
2．完成下列填空题。
（1）图 2-8-1 中，正反馈支路是由_____组成，这个网络具有_____特性，要改变振荡频率，只要改变_____或_____的数值即可。
（2）图 2-8-1 中，R_{P1} 和 R_1 组成_____反馈，其中_____是用来调节放大器的放大倍数，使 $A_V \geqslant 3$。

三、实验原理

正弦波振荡电路必须具备两个条件：一是必须引入反馈，而且反馈信号要能代替输入信号，这样才能在不输入信号的情况下自发产生正弦波振荡；二是要有外加的选频网络，用于确定振荡频率；因此振荡电路由四部分电路组成：放大电路；选频网络；反馈网络；稳幅环节。实际电路中多用 LC 谐振电路或是 RC 串并联电路（两者均起到带通滤波选频作用）用作正反馈来组成振荡电路。振荡条件如下：正反馈时 $\dot{X}_i' = \dot{X}_f = \dot{F}\dot{X}_o$，$\dot{X}_o = \dot{A}\dot{X}_i' = \dot{A}\dot{F}\dot{X}_o$，所以平衡条件为 $\dot{A}\dot{F} = 1$，即放大条件 $|\dot{A}\dot{F}| = 1$，相位条件 $\varphi_A + \varphi_F = 2n\pi$，起振条件 $|\dot{A}\dot{F}| > 1$。

本实验电路常称为文氏电桥振荡电路，如图 2-8-1 所示。由 R_{P2} 和 R_1 组成电压串联负反馈，使集成运放工作于线性放大区，形成同相比例运算电路，由 RC 串并联网络作为正反馈回路兼选频网络。分析电路可得：$|\dot{A}| = 1 + \dfrac{R_{P2}}{R_1}$，$\phi_A = 0$。当

$R_{P1} = R_1 = R$，$C_1 = C_2 = C$ 时，有 $\dot{F} = \dfrac{1}{3 + j\left(\omega RC - \dfrac{1}{\omega RC}\right)}$，设 $\omega_0 = \dfrac{1}{RC}$，有

$$\left|\dot{F}\right| = \frac{1}{\sqrt{9 + \left(\dfrac{\omega}{\omega_0} - \dfrac{\omega_0}{\omega}\right)^2}} , \quad \varphi_F = -\arctan\frac{1}{3}\left(\frac{\omega}{\omega_0} - \frac{\omega_0}{\omega}\right)。$$ 当 $\omega = \omega_0$ 时，$\left|\dot{F}\right| = \frac{1}{3}$，$\varphi_F = 0$，

此时取 A 稍大于 3，便满足起振条件，稳定时 $A = 3$。本实验为操作方便，将 R_{P2} 和 R_1 换为 $100\text{k}\Omega$ 的电位器 R_W 组成电压串联负反馈，如图 2-8-2 所示。

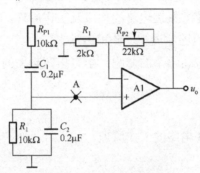

图 2-8-1　文氏电桥振荡电路

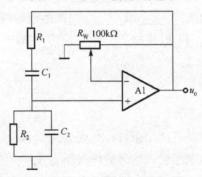

图 2-8-2　本实验 RC 振荡电路

四、实验内容及步骤

1. 测量 RC 振荡电路频率及幅值

按图 2-8-2 连接电路，令 $R_1 = R_2 = 10\text{k}\Omega$，$C_1 = C_2 = 0.1\mu\text{F}$，调节电位器 R_W，用示波器观察输出波形，直至出现不失真正弦波为止，记录此时频率及幅值，并将测量结果填入表 2-8-1 中。

表 2-8-1　输出正弦波测量数据

输出信号	$R_1 = R_2 = 10\text{k}\Omega$ $C_1 = C_2 = 0.1\mu\text{F}$	理论值	误差
$f(\text{Hz})$			
$U_O(\text{V})$			

2. 改变 R_1 和 R_2 阻值，测量频率和输出电压值

改变 R_1 和 R_2 阻值为 30kΩ，电容值不变，调节电位器 R_W，用示波器观察输出波形，直至出现不失真正弦波为止，记录此时频率及电压值，并将测量结果填入表 2-8-2 中。

表 2-8-2　输出正弦波测量数据

输出信号	$R_1 = R_2 = 30k\Omega$ $C_1 = C_2 = 0.1\mu F$	理论值	误差
f(Hz)			
U_O(V)			

3. 设计一个 RC 振荡器

设计一个 RC 振荡器，其输出 $f_0 = 16$Hz，电压不小于 5V 的正弦波，试确定 R、C 的值，并在实验箱上完成验证实验，将相关数据填入表 2-8-3 中。

表 2-8-3　设计 RC 振荡器测量数据

输出信号	R	C	验证输出正弦波的 f 及 U_O	误差
$f = 16$Hz				
$U_O \geqslant 5$V				

五、实验仪器与设备

1. 模拟电路实验箱。
2. 示波器。
3. 交流毫伏表。
4. 万用表。

六、实验报告要求

1. 由给定电路参数计算振荡频率，并与实测值比较，分析误差产生的原因。
2. 总结改变负反馈深度对振荡器起振的幅值条件及输出波形的影响。
3. 写出设计 RC 振荡器的过程。

七、思考题

1. 如果元件完好，接线正确，电源电压正常，而示波器看不到输出波形，考虑是什么问题？该怎样解决？
2. 有输出，但输出波形有明显的失真，应如何解决？

实验九　功率放大电路

一、实验目的

1. 熟悉功率放大器的工作原理。
2. 熟悉与使用集成功率放大器 LM386。
3. 掌握功放电路输出功率及效率的测试方法。

二、预习要求

1. 复习有关功率放大器的基本内容。
2. 了解 LM386 的内部电路原理。
3. 熟悉并掌握由 LM386 构成的功放电路，并分析其外部元件的功能。

三、实验原理

集成功率放大器是一种音频集成功放，具有自身功耗低、电压增益可调整、电压电源范围大、外接元件少和总谐波失真少的优点。分析其内部电路（图 2-9-1），可得到一般集成功放的结构特点。LM386 是一个三级放大电路，第一级为直流差动放大电路，它可以减少温漂、加大共模抑制比的特点，由于不存在大电容，因此具有良好低频特性可以放大各类非正弦信号也便于集成。它以两路复合管作为放大管增大放大倍数，以两个三极管组成镜像电路源作差分放大电路的有源负载，使这个双端输入单端输出差分放大电路的放大倍数接近双端输出的放大倍数。第二级为共射放大电路，以恒流源为负载，增大放大倍数减小输出电阻。第三级为双向跟随的准互补放大电路，可以减小输出电阻，使输出信号峰峰值尽量大（接近于电源电压），两个二极管给电路提供合适的偏置电压，可消除交越失真。可用瞬间极性法判断出，引脚 2 为反相输入端，引脚 3 为同相输入端，电路是单电源供电，故为 OTL（无输出变压器的功放电路），所以输出端应接大电容隔直再带负载。引脚 5 到引脚 1 的 15kΩ 电阻形成反馈通路，与引脚 8 到引脚 1 之间的 1.35kΩ 和引脚 8 到三极管发射极间的 150Ω 电阻形成深度电压串联负反馈。此时：

$$A_{u} = A_{f} = \frac{A}{1 + AF} \approx \frac{1}{F}$$

理论分析当引脚 1 到引脚 8 之间开路时，有：$A_{u} \approx 2\left(1 + \dfrac{15k}{1.35k + 0.15k}\right) = 22$，

当引脚 1 到引脚 8 之间外部串联一个大电容和一个电阻 R 时，$A_u \approx 2\left(1+\dfrac{15\mathrm{k}}{1.35\mathrm{k}//R+0.15\mathrm{k}}\right)$，因此当 $R=0$ 时，$A_u \approx 22$。

在本实验电路（图 2-9-2）中，开关与 C_2 控制增益，C_3 为旁路电容，C_1 为去耦电容滤掉电源的高频交流部分，C_4 为输出隔直电容，C_5 与 R 串联构成校正网络来进行相位补偿。当负载为 R_L 时，

$$P_{OM}=\frac{\left(\dfrac{U_{OM}}{\sqrt{2}}\right)^2}{R_L}$$

当输出信号峰峰值接近电源电压时，有

$$U_{OM}\approx E_C=\frac{V_{CC}}{2},\quad P_{OM}\approx\frac{V_{CC}^{\ 2}}{8R_L}$$

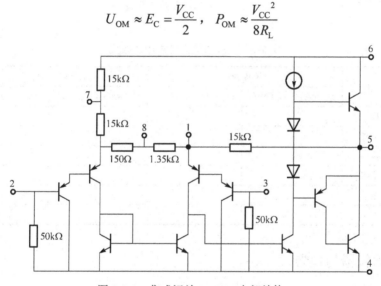

图 2-9-1　集成运放 LM386 内部结构

四、实验内容及步骤

1．按图 2-9-2 电路在实验板上插装电路。接入 +12V 电源，不加信号时测静态工作电流 I_Q，填入表 2-9-1 中。

2．在输入端接 1kHz 信号，用示波器观察输出波形、逐渐增加输入电压幅度，直至出现失真为止，记录此时输入电压、输出电压幅值，填入表 2-9-1 中，并记录波形。

3．去掉 10μF 电容，重复上述实验。

4．改变电源电压（选 5V、9V 两挡）重复上述实验。

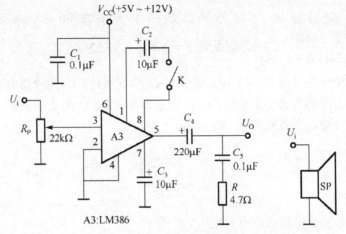

图 2-9-2　集成功率放大电路

表 2-9-1　功率放大电路测试数据

V_{CC}	C_2	不接 R_L				R_L=8Ω（喇叭）			
		I_Q (mA)	U_I (mV)	U_O (V)	A_u	U_I (mV)	U_O (V)	A_u	P_{OM} (W)
+12V	接								
	不接								
+9V	接								
	不接								
+5V	接								
	不接								

五、实验仪器与设备

1. 模拟电路实验箱。
2. 示波器。
3. 信号发生器。
4. 万用表。
5. 交流毫伏表。

六、实验报告要求

1. 根据实验测量值、计算各种情况下 P_{OM}、P_V 及 η。
2. 做出电源电压与输出电压、输出功率的关系曲线。

七、思考题

1. 根据实验现象，说明 C_1、C_2、C_3、C_4 的作用。
2. 电位器 R_P 有什么作用。

实验十　集成稳压电路

一、实验目的

1. 了解集成稳压电路的特性和使用方法。
2. 掌握直流稳压电源主要参数测试方法。

二、预习要求

1. 复习教材直流稳压电源部分关于电源主要参数及测试方法。
2. 查阅手册，了解本实验使用稳压器的技术参数。

三、实验原理

1. 大多数电子仪器都需要将电网提供的 220V、50Hz 的交流电转换为符合要求的直流电，而直流稳压电源是一种通用的电源设备，它能为各种电子仪器和电路提供稳定直流电压。当电网电压波动，负载变化以及环境温度变化时，其输出电压能相对稳定。

2. 直流稳压电源一般由变压器、整流电路、滤波电路、稳压电路等组成。

3. 集成负反馈串联稳压电路如图 2-10-1 所示，稳压基本要求 $U_{in} - U_O \geqslant 2V$。主要分为三个系列：固定正电压输出的 78 系列（图 2-10-2）、固定负电压输出的 79 系列、可调三端稳压器 X17 系列。78 系列中输出电压有 5V、6V、9V 等，由输出最大电流分类有 1.5A 型号的 78××（××为其输出电压）、0.5A 型号的 78M××、0.1A 型号的 78L×× 三档。79 系列中输出电压有 –5V、–6V、–9V 等，同样由输出最大电流分为三档，标识方法一样。可调式三端稳压器由工作环境温度要求不同分为三种型号，能工作在 –55～150℃ 的为 117，能工作在 –25～150℃ 的为 217，能工作在 0～150℃ 的为 317，同样根据输出最大电流不同分为 X17、X17M、X17L 三档。其输入输出电压差要求在 3V 以上，$V_{OUT} - V_T = V_{REF} = 1.25V$。本实验电路为可调式稳压电路，稳压器为 LM317L，最大输入电压 40V，输出电压 1.25～37V，可调最大输出电流 100mA。

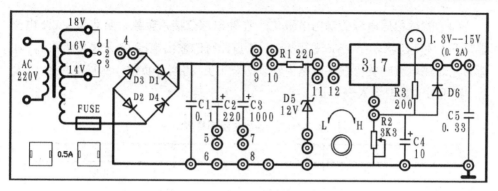

图 2-10-1　直流稳压电源实验电路图

图 2-10-2　78 系列引脚图

四、实验内容及步骤

（1）对照电路图 2-10-1，在实验板上连接电路，2 连接 4，5 连接 6，7 连接 8，9 连接 12，在实验过程中，应特别注意安全。变压器有三组输出，先接 16V 进行实验。检查无误后，经教师同意后才可接上 220V 交流电源。在实验过程中，还要注意发光二极管 D6 的极性。

（2）将实验箱接通电源，这时发光二极管应发光，调节 R_2 使输出电压稳定在 $U_o = 12V$，测量稳压器 317 的输入电压 U_{in}，即点 12 的电压，记录下来。

（3）测试稳压电源的稳压系数 S_r。将 2 与 4 断开，3 与 4 连接起来，使变压器输出电压为 14V 时进行实验，以此来模拟输入电压，记录此时的 U_{in} 和 U_o。即当变压器分别输出为 16V 和 14V 时，记录相应的 U_o 及 U_{in}，并由此计算稳压系数，将相对应数据填入表 2-10-1 中。

表 2-10-1　稳压系数测量数据

变压器输出	16V	14V
U_{in}（V）		
U_o（V）		
$S_r = \dfrac{\Delta U_o / U_o}{\Delta U_{in} / U_{in}}$		

（4）测试稳压电源的输出电阻 R_o。在输出部分接入负载，负载为 330Ω 电位器串联，使变压器输出 16V 进行测试，测量此时的输出电压 U_o 及输出电流 I_o（注意万用表测电流时要串联在电路中，以防烧表）；再断开负载，测量此时的 U_o 及 I_o，将相对应数据填入表 2-10-2 中。

表 2-10-2　输出电阻测量数据

$R_L = 330Ω$	$U_o =$	(V)	$I_o =$	(mA)
$R_L = \infty$	$U_o =$	(V)	$I_o =$	(mA)
$R_o = \dfrac{\Delta U_o}{\Delta I_o}$				

（5）测量稳压电源的纹波电压。用数字示波器测量输出直流电压的纹波电压。

五、实验仪器与设备

1. 模拟电路实验箱。
2. 示波器。
3. 交流毫伏表。
4. 万用表。

六、实验报告要求

1. 原始记录（数据、波形、现象）。
2. 画出实验电路，简述所做实验内容及结果。
3. 整理实验数据，按内容要求填入各表格中，并与理论估算值比较。
4. 根据实验结果，总结本实验所用可调三端稳压器的应用方法。
5. 实验体会。重点报告实验中体会较深、收获较大的一两个问题（如果实验中出现故障，应将分析故障、查找原因作为重点报告内容）。

七、思考题

1. 与分离元件的稳压电路相比，集成稳压电源有哪些优点？
2. 稳压电源的稳压系数是越大越好还是越小越好？R_o 呢？为什么？

第三章　仿 真 实 验

实验一　晶体管共发射极放大电路仿真

一、实验目的

1．借助软件平台，通过实例分析更进一步理解静态工作点对放大器动态性能的影响。

2．了解晶体管等器件的参数对放大电路的高频响应特性的影响。

3．熟悉并掌握放大电路主要性能指标的测量与估算方法。

4．了解并掌握用 PSpice 进行电路静态分析和动态性能分析的方法。

二、预习要求

1．复习共射放大电路工作原理及高频响应特性与各参数的关系。

2．熟悉用 PSpice 进行电路静态分析和动态性能分析的描述方法。

3．了解利用 Probe 绘图曲线估算电路的性能指标的方法。

三、实验原理

共射放大电路的工作原理在第二章中已详述，这里不再过多重复。本实验电路如图 3-1-1 所示。电路的核心元件是晶体管，正确的直流电源电压数值、极性与其他电路参数保证晶体管工作在放大区，即建立起合适的静态工作点，保证电路不失真。输入信号应能有效地作用于有源元件的输入回路，即晶体管的 b-e 回路，输出信号能够作用于负载之上。

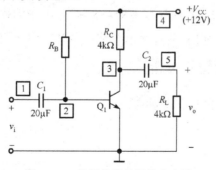

图 3-1-1　单管共发射极放大电路

四、实验内容及步骤

1．共发射极放大电路的静态工作点对动态范围的影响

共发射极放大电路如图 3-1-1 所示。设晶体管的 $\beta = 100$，$r_{bb'} = 80\Omega$。输入正弦信号，$f = 1\text{kHz}$。调节 R_B 使 $I_{CQ} \approx 1\text{mA}$，求此时输出电压 v_o 的动态范围。

（1）调节 R_B 使 $I_{CQ} \approx 2.5\text{mA}$，求此时输出电压 v_o 的动态范围。

（2）为使 v_o 的动态范围最大，I_{CQ} 应为多少 mA？此时 R_B 为何值？

2．测量共射放大器的高频参数

共发射极放大电路的原理图如图 3-1-2 所示。设晶体管的参数为：$\beta = 100$，$r_{bb'} = 80\Omega$，$C_{b'c} = 1.25\text{pF}$，$f_T = 400\text{MHz}$，$V_A = \infty$。调解偏置电压 V_{BB} 使 $I_{CQ} \approx 1\text{mA}$。

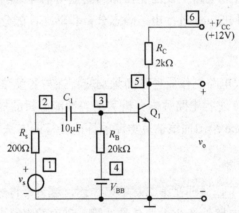

图 3-1-2　共发射极放大电路的原理图

（1）计算电路的上限截止频率 f_H 和中频增益。

（2）将 $r_{bb'}$ 改为 200Ω，其他参数不变，重复（1）中的计算。

（3）将 R_s 改为 $1\text{k}\Omega$，其他参数不变，重复（1）中的计算。

（4）将 $C_{b'c}$ 改为 4.5pF，其他参数不变，重复（1）中的计算。

五、参考网单文件及结论分析

（1）实验内容 1 的网单文件参考：

```
A   CE   AMP   1
C1  1    2    20U
RB  2    4    RMOD  1
```

```
*RB   2   4   450K              IC=2.5MA
*RB   2   4   562.5K            IC=2MA
*RB   2   4   1.128MEG          IC=1MA
RC   3   4   4K
Q1   3   2   0   MQ
VI   1   0   AC   1  SIN（0  80M  1K）
C2   3   5   20U
RL   5   0   4K
VCC   4   0   12
.MODEL   MQ   NPN  IS=1E-15  BF=100   RB=80
.MODEL   RMOD  RES(R=100K)
.DC   RES  RMOD(R)  200K  1.5MEG  10K
.OP
.TRAN  1E-5  3E-2  2E-3  1E-5
.PROBE
 .end


.    MΩ时，I_CQ=1mA , 3, .END
```

注：电阻扫描需定义语句

```
RB   2   4   RMOD   1
.MODEL   RMOD  RES（R=100K）
.DC   RES  RMOD（R）  200K  1.5MEG   10K
```

分析如下：

运行.DC 语句，可获得 $I_C(Q_1)$–R_B 的曲线，如图 3-1-3 所示。从图中可测出，I_{CQ}=1mA、2.5mA 时，R_B 分别约为 1.128MΩ 和 450kΩ。

① 当 R_B = 1.1285Ω，节点电压波形如图 3-1-4 所示。图中上面的一条水平直线代表 3 节点的直流电压 V_{CEQ}，约为 8V（从输出文件中可得到晶体管的静态工作点）。由图可以看出，输出电压波形出现正半周限幅，即为截止失真，可测出其动态范围峰值约为 2V。

② 当 R_B=450kΩ，I_{CQ}=2.5mA，3、5 节点波形如图 3-1-5 所示。可见，输出电压波形出现负半周限幅，即为饱和失真，可测出其动态范围峰值约为 2V（此时 3 节点的直流电压 V_{CEQ} 约为 1.99V）。

③ 为使 v_o 的动态范围最大，应使 $I_{CQ}R_L' \approx V_{CEQ}-V_{CE(Sat)}$，即 $2I_{CQ}\approx12-4I_{CQ}$（$I_{CQ}\approx$ 2mA）。由图 3-1-6 可测出 $R_B\approx562.5$kΩ。输出波形如图 3-1-6 所示，可见，动态范围峰值近于 4V。

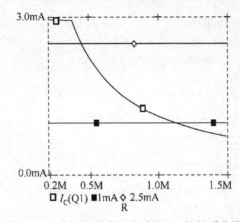

图 3-1-3　集电极电流 I_C 与电阻 R_B 的关系曲线

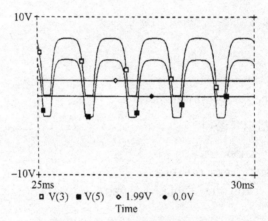

图 3-1-4　I_{CQ} = 1mA 的输出电压波形

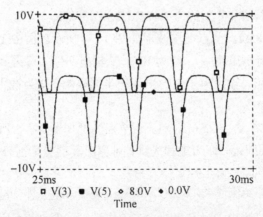

图 3-1-5　I_{CQ} = 2.5mA 的输出电压波形

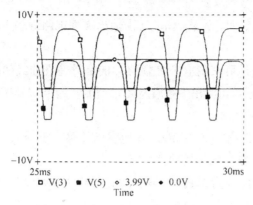

图 3-1-6 $I_{CQ} = 2mA$ 的输出电压波形

结果表明：

① 工作点偏低，易产生截止失真；工作点偏高，易产生饱和失真；安排合适的工作点可获得最大动态范围。

② 晶体管的参数与其直流工作点有关，放大电路的动态特性指标也与直流工作点密切相关。因此，通常要求直流工作点设置合适而且稳定。

（2）实验内容 2 的网单文件参考：

```
A   CE  AMP  3
VS  1   0   AC   1
RS  1   2   200
C1  2   3   10U
RB  3   4   20K
VBB 4   0   0.92
Q1  5   3   0   MQ
RC  6   5   2K
VCC 6   0   12
.MODEL  MQ NPN  IS=1E-15
+RB=80 CJC=2.5P TF=3.7E-10  BF=100
.OP
.DC  VBB  0  2  0.01
*.AC DEC  10  0.1  100MPG
.PROBE
.END
```

分析如下：

用直流扫描功能对电压源 V_{BB} 实行扫描，I_{CQ}-V_{BB} 曲线如图 3-1-7 所示。可以测出，当 V_{BB} = 0.92V 时，I_{CQ} = 1mA（由输出文件电路静态工作点，可以确定出 V_{BB} 的精确值）。

① 运行.AC 语句可得到电压增益 A_{VS} 的幅频特性曲线如图 3-1-8 中以符号"□"标示的曲线所示，可测出中频增益 A_{VS}≈70.4，f_H≈6.21MHz，因而 $G·BW$≈440.3MHz。

② 将 $r_{bb'}$ 由 80Ω 增加到 200Ω，其他参数不变，其 A_{VS} 的幅频特性曲线如图 3-1-8 中的符号"■"标示的曲线所示。

③ 将 R_s 由 200Ω 改为 1kΩ 时，其 A_{VS} 的幅频曲线如图 3-1-8 中的以符号"◇"标示的曲线所示。

④ 将 $C_{b'c}$ 由 1.25pF 增大到 4.5pF 时，A_{VS} 的幅频特性曲线如图 3-1-8 中的以符号"◆"标示的曲线所示。

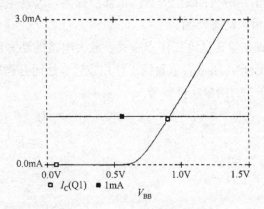

图 3-1-7　I_{CQ} 与 V_{BB} 的关系曲线

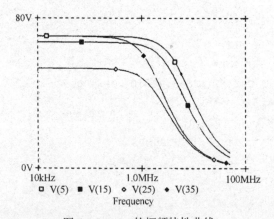

图 3-1-8　A_{VS} 的幅频特性曲线

六、实验仪器及设备

1．计算机（装有 PSpice 集成环境）。

2．操作系统 Windows 95 以上。

七、实验报告要求

1．实验报告的书写要包括以下几部分内容：

一、实验目的；二、实验原理；三、实验内容；四、实验步骤及方法；五、实验数据记录及处理；六、实验结论。

2．本实验项目要求给出程序，简单画出仿真波形，并通过测量数据回答相关问题。

3．根据实验结果，回答以下问题，并说明你通过此次实验有何感受。

（1）工作点偏低、偏高会使放大电路的性能发生怎样的改变？要想获得最大动态范围，应如何做，如何做才能测出最大动态范围？

（2）动态特性指标还与哪些因素有关？

（3）回答 $r_{bb'}$，$C_{b'c}$，R_s 对高频响应特性有怎样的影响。

实验二　场效应管共源放大电路仿真

一、实验目的

1. 了解并熟悉掌握共源放大电路的工作原理。
2. 掌握 PSpice 对场效应管的描述方法。
3. 了解并掌握用 PSpice 进行场效应管放大电路静态分析和动态性能分析的方法。

二、预习要求

1. 复习场效应管共源极放大电路工作原理。
2. 复习场效应管共源极放大电路硬件实验及相关结论。
3. 估算本实验电路图的静态工作点及性能指标。

三、实验原理

场效应管是一种利用电场效应来控制其电流大小的半导体器件，按结构可分为结型和绝缘栅型两种。由于场效应管输入电阻很高（一般可达上百兆欧），热稳定性好，抗辐射能力强，噪声系数小，加之制造工艺较简单，便于大规模集成，因此得到越来越广泛的应用。本实验电路如图 3-2-1 所示。共源放大电路的工作原理在第二章中已详述，这里不再过多重复。本实验以 N 沟道增强型 MOS 管为例，实验场效应管的放大作用。

四、实验内容与步骤

单管共源放大电路的原理如图 3-2-1 所示。设 MOS 管的 $K_P = 40\mu A/V^2$，$\gamma = 0.8$，$\varphi = 0.65$，$L = 10\mu m$，$W = 50\mu m$，$V_{TO} = 1V$，$\lambda = 0.02$。

（1）求电路的直流传输特性 $v_o = f(v_I)$。

（2）调节直流偏压 V_{GG} 使 $I_{DQ} \approx 0.4mA$，求此时的静态工作点 V_{GSQ}、V_{DSQ}。

（3）设 $v_I = 10\sin(2\pi \times 1000t)mV$，算出电路的电压增益。

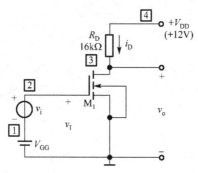

图 3-2-1　单管共源放大电路的原理图

五、参考网单文件及结论分析

（1）实验内容的网单文件参考：

```
A   CS   NMOS   AMPLIFIER
M1  3   2  0  0  MODM  L=10U  W=50U
.MODEL  MODM  NMOS  LEVEL=1  VTO=1  KP=40U  GAMMA=0.8
+LAMBDA=0.02  PHI=0.65
VGG  1   0   2.896
VDD  4   0   12
RD   4   3   16K
VI   2   1   SIN(0 0.01 1K)
.OP
.DC  VGG   0  4  0.001
*.TRAN  10U  3MS
.PROBE
.END
```

（2）分析如下。

① 对电路进行直流扫描分析，即运行.DC 语句，得到直流传输特性曲线如图 3-2-2 所示。可见，MOS 管由栅极与源极之间的电压 V_{GS} 大小可决定其工作状态。

② 在上述直流扫描分析中可以得到 MOS 管漏极电流 I_D 与偏置电压 V_{GS}（即 V_{GG}）的关系曲线，如图 3-2-3 所示。可测出 I_D=0.4mA 时，V_{GSQ}≈2.896V。另外，由输出文件可得出 V_{DSQ} 的值。

③ 运行.TRAN 语句，可获得各电流与电压波形。因为 V_{GSQ}≈2.896V ，所以 MOS 管此时工作在放大状态，从图 3-2-4、图 3-2-5 中可看出 MOS 管与晶体管一样也具有放大作用。

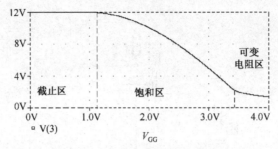

图 3-2-2　MOS 管的传输特性曲线

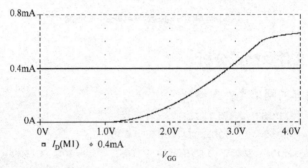

图 3-2-3　电流 I_D 随 V_{GG} 变化的曲线

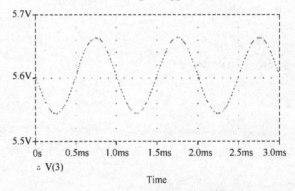

图 3-2-4　MOS 管的输出电压波形

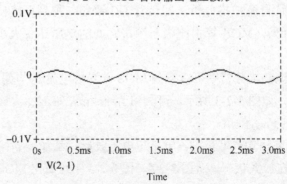

图 3-2-5　MOS 管输入信号波形

六、实验仪器与设备

1. 计算机（装有 PSpice 集成环境）。

2. 操作系统 Windows 95 以上。

七、实验报告要求

1. 实验报告的书写要包括以下几部分内容：

一、实验目的；二、实验原理；三、实验内容；四、实验步骤及方法；

五、实验数据记录及处理；六、实验结论。

2. 本实验项目要求给出程序，简单画出仿真波形。

3. 通过测量数据回答相关问题，并说明你通过此次实验有何感受。

实验三　差动放大电路仿真

一、实验目的

1. 了解对称差动放大器的基本特性，包括小信号差模特性和共模特性及提高共模抑制比 K_{CMR} 的方法。

2. 掌握 PSpice 对差分放大电路的性能描述方法。

二、预习要求

1. 复习差动放大电路的工作原理。

2. 复习差动放大电路硬件电路实验。

3. 计算本实验电路的各项技术指标。

三、实验原理

差动放大器又称为差分放大器，在直接耦合放大电路中它是抑制零点漂移的最有效的电路。差动管是一种完全对称的晶体管，它由两个元件参数相同的基本共射放大电路组成。电路具有两个输入端，两个输出端。信号分别从两管的基极和射极间输入，从两管的集电极之间输出。输出信号是随着两端输入信号之差变动的，所以称为差动放大器。

在差动放大电路中，无论电源电压波动或温度变化都会使两管的集电极电流和集电极电位发生相同的变化，相当于在两输入端加入共模信号。由于电路完全对称，使得共模输出为零，共模电压放大倍数为零，从而抑制了零点漂移。电路放大的只是差模信号。差动放大电路在零输入时具有零输出；静态时，温度有变化依然保持零输出，即消除了零点漂移。电路对共模输入信号无放大作用，即完全抑制了共模信号。可见差模电压放大倍数等于单管放大电路的电压放大倍数。差动电路用多一倍的元件为代价，换来了对零漂的抑制能力。差动放大电路的具体工作原理在第二章中已详述，这里不再过多重复。

四、实验内容及步骤

差动放大电路如图 3-3-1 所示。设各管参数相同，$\beta = 120$，$r_{bb'} = 80\Omega$，$C_{b'c} = 1pF$，$f_T = 400MHz$，$V_A = 50V$。输入正弦信号。

（1）设 $v_{i1} = -v_{i2}$（差模输入），求 $A_{vD1}=v_{o1}/(v_{i1}-v_{i2})$，$A_{vD2}=v_{o2}/(v_{i1}-v_{i2})$，$A_{vD}=(v_{o1}-v_{o2})/(v_{i1}-v_{i2})$的幅频特性，确定低频电压增益值及 f_H，观察 v_e 的值。

（2）设 $v_I = v_{i1} = v_{i2}$（共模输入），求 $A_{vC1} = v_{o1}/v_I$，$A_{vC2} = v_{o2}/v_I$，$A_{vC} = (v_{o1}-v_{o2})/v_I$ 的频响特性，确定其低频增益值，并观察 v_e 的值。

（3）求 $K_{CMR} = |A_{vD1}/A_{vC1}|$的频响特性，确定 K_{CMR} 的截止频率 f_H。

（4）设 $R_{E3} = 0$，$R_2 = 0$，调节 R_1，保证 Q_1、Q_2、Q_3 的 I_{CQ} 不变，求此时 K_{CMR} 的频响特性。

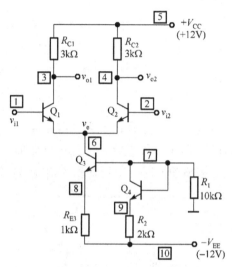

图 3-3-1　差动放大电路

五、参考网单文件及结论分析

（1）实验内容的网单文件参考：

```
A   DIFEERENTIAL   AMP   1
Q1    3   1    6   MQ
Q2    4   2    6   MQ
RC1   3   5    3K
RC2   4   5    3K
Q3    6   7    8   MQ
RE3   8  10    1K
Q4    7   7    9   MQ
R1    7   0    RMOD   1
R2    9  10    2K
```

```
VCC  5  0   12
VEE  10 0  -12
.MODEL  MQ  NPN  IS=1E-15  BF=120
+RB=80  CJC=2.4P  TF=3.6E-10  VAF=50
.MODEL  RMOD  RES（R=10K）
VI1   1  0   AC  1
VI2   2  0   AC  -1
.OP
*.DC  RES  RMOD（R）   5K  10K  10
.AC  DEC  10  1   1G
.PROBE
.END
```

（2）分析如下。

① 运行.AC 语句得到图 3-3-2。下面的一条曲线是 $A_{VD1} = V(3)/V(1, 2)$ 与 $A_{VD2} = V(4)/V(1,2)$ 的幅频特性曲线（两个曲线重合）。上面的一条曲线是 $A_{VD}=V(3,4)/V(1,2)$ 的幅频特性曲线。可见，差模输入时，双端输出的增益是单端输出增益的 2 倍。

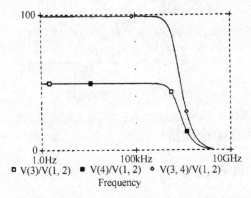

图 3-3-2　差模幅频特性

② 电路的共模响应特性如图 3-3-3 所示。上面的一条曲线是在共模输入电压作用下单端输出时的增益，下面的一条曲线是双端输出时的增益，由于电路对称性好，因此双端输出时的增益近似为零。Q_1, Q_2 射极输出响应特性如图 3-3-4 所示。

计算共模抑制比 $K_{CMR}=| A_{vD1}/ A_{vC1}|$ 的频响特性，即差模增益与共模增益的比。用两个子电路描述差模输入电路（X_1）和共模输入电路（X_2），其电路接法如图 3-3-5 所示。

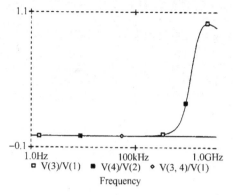

图 3-3-3 共模幅频特性

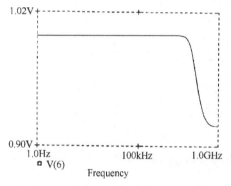

图 3-3-4 Q_1, Q_2 射极电压的共模特性

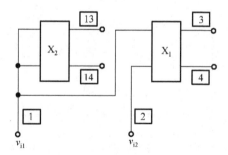

图 3-3-5 K_{CMR} 的电路接法

输入网单文件如下:

```
THE   KCMR  OF  A      AMP
.SUBCKT   AMP   1   2   5   10   3   4
Q1   3   1   6   MQ
Q2   4   2   6   MQ
RC1   3   5   3K
```

```
RC2   4    5    3K
 Q3   6    7    8    MQ
RE3   8    10   1K
 Q4   7    7    9    MQ
 R1   7    0    10K
 R2   9    10   2K
.ENDS
X1  1  2  5  10  3  4   AMP
X2  1  1  5  10  13  14  AMP
VCC   5    0    12
VEE   10   0    -12
.MODEL  MQ  NPN   IS=1E-15   BF=120
+RB=80  CJC=2.4P  TF=3.6E-10   VAF=50
VI1   1    0    AC   1
VI2   0    2    AC   1
.OP
.AC   DEC   10   1   1G
.PROBE
.END
```

图 3-3-6 是 K_{CMR} 的幅频响应特性曲线。

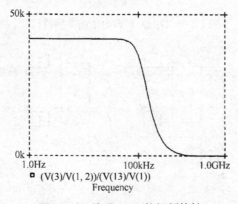

图 3-3-6　关于 K_{CMR} 的幅频特性

③ 设 $R_{E3}=0$，$R_2=0$，为了保证 $I_{CQ3}=1.83mA$ 不变，用电阻扫描方法（即运行.DC 语句）确定 R_1 应为 7.35kΩ，如图 3-3-7 所示。此时得到的共模抑制比 K_{CMR} 频响特性曲线如图 3-3-8 所示。可测出低频下 $K_{CMR}≈60.88dB$，$f_H≈877kHz$。可见，R_{E3}、R_2 减小，恒流源的等效内阻下降，共模增益增加。所以 K_{CMR} 下降，而 f_{CMR} 增加。

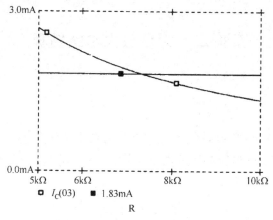

图 3-3-7 I_{CQ3} 与 R_1 的关系曲线

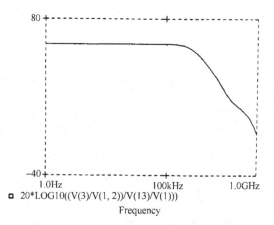

图 3-3-8 $R_2 = 0$、$R_{E3} = 0$ 时的 K_{CMR} 幅频特性

六、实验仪器及设备

1. 计算机（装有 PSpice 集成环境）。

2. 操作系统 Windows 95 以上。

七、实验报告要求

1. 实验报告的书写要包括以下几部分内容：

一、实验目的；二、实验原理；三、实验内容；四、实验步骤及方法；五、实验数据记录及处理；六、实验结论。

2. 本实验项目要求给出程序，简单画出仿真波形。

3. 通过测量数据回答相关问题，并说明你通过此次实验有何感受。

实验四　组合放大电路仿真

一、实验目的

1．进一步了解共射–共基组合放大电路主要性能及特点。
2．掌握用 PSpice 进行多级放大电路静态分析和动态性能分析的方法。

二、预习要求

1．复习组合放大电路工作原理。
2．复习组合放大电路电压放大倍数及输入输出电阻估算方法。

三、实验原理

在大多数实际应用中,单管 BJT 组成的放大电路往往不能满足特定的增益、输入电阻、输出电阻等要求，为此，常把三种组态中的两种进行适当的组合，以便发挥各自的优点，获得更好的性能。组合放大电路总的电压增益等于组成它的各级单管放大电路电压增益的乘积，前一级的输出电压是后一级的输入电压，后一级的输入电阻是前一级的负载电阻。本实验以一个共射-共基组合放大单元为例，实验组合放大电路性能，如图 3-4-1 所示。

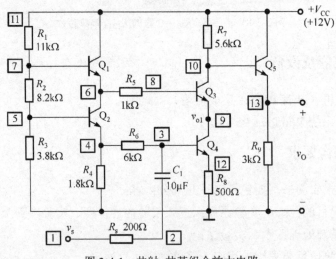

图 3-4-1　共射–共基组合放大电路

四、实验内容及步骤

图 3-4-1 是某集成电路的一个共射-共基组合放大单元。假设各管参数相同，$\beta = 150$，$r_{bb'} = 60\Omega$，$C_{b'C} = 1pF$，$I_S = 1 \times 10^{-16}A$，$f_T = 400MHz$。

（1）作直流分析，求电路的静态工作点。

（2）作交流分析，求 $A_{VS1} = v_{o1}/v_s$，$A_{VS} = v_o/v_s$ 的幅频特性曲线。

（3）求电路的输入电阻和输出电阻。

五、参考网单文件及结论分析

（1）实验内容的网单文件参考：

```
A    MULTTI-STAGE    AMP    1
VS    1    0    AC    1
RS    1    2    200
C1    2    3    10U
R1    11   7    11K
Q1    11   7    6    MQ
R2    7    5    8.2K
R3    5    0    3.8K
Q2    6    5    4    MQ
R4    4    0    1.8K
R5    6    8    1K
 R6    4    3    6K
R7    11   10   5.6K
Q3    10    8    9    MQ
Q4    9    3    12   MQ
R8    12    0    500
Q5    11    10   13   MQ
R9    13    0    3K
VCC    11    0    12
*VBB    3    0    2
*.DC  VBB  0    3.2    0.01
*COUNT    14    13    10U
*VOUT    14    0    AC    1
.MODEL    MQ  NPN  IS=1E-16  BF=150    RB=60    VJV=2P  TF=3.6E-10
.OP
.AC    DEC    10    1    100MEG
.PROBE
.END
```

（2）结论分析

① 作直流分析，可在输出文件中得到静态工作点。

② 作小信号交流分析，$A_{VS1} = v_{o1}/v_s = V(9)/V(1)$ 的幅频特性曲线如图 3-4-2 所示，$A_{VS} = v_o/v_i = V(13)/V(1)$ 的幅频特性曲线如图 3-4-3 所示。可见，共射-共基组合电路与单级放大电路相比具有高频响应特性好、频带宽的优点。

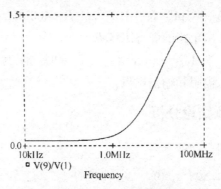

图 3-4-2　A_{VS1} 的幅频特性

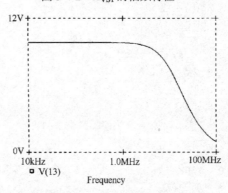

图 3-4-3　A_{VS} 的幅频特性

（3）电路的输入阻抗的幅频特性如图 3-4-4 所示。输出阻抗的幅频特性如图 3-4-5 所示。

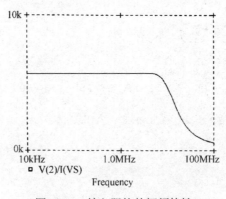

图 3-4-4　输入阻抗的幅频特性

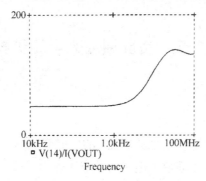

图 3-4-5　输出阻抗的幅频特性

六、实验仪器及设备

1．计算机（装有 PSpice 集成环境）。

2．操作系统 Windows 95 以上。

七、实验报告要求

1．实验报告的书写要包括以下几部分内容：

一、实验目的；二、实验原理；三、实验内容；四、实验步骤及方法；五、实验数据记录及处理；六、实验结论。

2．本实验项目要求给出程序，简单画出仿真波形。

3．通过测量数据回答相关问题，并说明你通过此次实验有何感受。

实验五　负反馈放大电路仿真

一、实验目的

1. 通过实验来验证负反馈对放大电路的性能影响。
2. 掌握 PSpice 对负反馈放大电路的静态工作点、放大倍数、输入/输出电阻和频响的测量方法。
3. 掌握放大电路开环与闭环特性的测试方法。

二、预习要求

1. 复习负反馈的基本概念及工作原理。
2. 预习用 PSpice 进行电路频率特性分析的语句描述方法。
3. 熟悉反馈放大器所对应的基本放大器的等效原则。

三、实验原理

放大电路中采用负反馈，在降低放大倍数的同时，可使放大电路的某些性能大大改善。负反馈放大电路的工作原理在第二章中已详述，这里不再过多重复。在应用 PSpice 分析反馈对放大电路性能的影响时，需要将反馈放大电路分解成基本放大电路和反馈网络两部分，在分解时既要除去反馈，又要保留反馈网络对基本放大电路的负载效应。为了考虑反馈网络对基本放大电路输入端和输出端的负载效应，在画出基本放大电路时，应按以下两条法则进行。

1. 求输入电路

如果是电压反馈，则令 $V_o = 0$，即将输出端对地短路。
如果是电流反馈，则令 $I_o = 0$，即将输出回路开路。

2. 求输出电路

如果是并联反馈，则令 $V_i = 0$，即将输入端对地短路。
如果是串联反馈，则令 $I_i = 0$，即将输入回路开路。
本实验以电流并联负反馈放大电路为例进行分析计算的实验。

四、实验内容与步骤

电流并联负反馈放大电路如图 3-5-1 所示，由两级放大单元组成。输入信号电流为 i_i，输出信号电流为 $i_o = i_{C2}$。电阻 R_6、R_4 组成反馈网络，电流反馈系数 $F_i = i_f/i_o \approx -R_6/(R_6+R_4) \approx 0.244$。

为了把图 3-5-1 所示的反馈放大电路分解成基本放大电路和反馈网络两部分，根据前面所述的两条法则，可画出基本放大电路如图 3-5-2 所示。图中直流电压 V_3、直流电流 I_{E2} 均为保证直流工作点不变而加入的直流偏置，其数值可对反馈放大电路进行直流分析得到。

求：（1）反馈放大电路的静态工作点；

（2）开环、闭环的增益及对应频响特性，输入输出电阻。

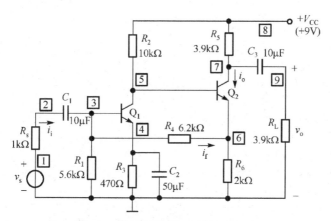

图 3-5-1　电流并联负反馈放大电路

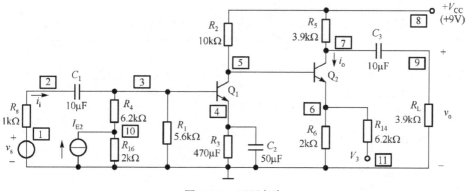

图 3-5-2　开环电路

五、参考网单文件及结论分析

1. 实验内容的网单文件参考

```
A    FEEDBACK   AMP
VS   1   0   AC   1
*VS  1   0
RS   1   2   1K
C1   2   3   10U
Q1   5   3   4    MQ1
R1   3   0   5.6K
R2   5   8   10K
R3   4   0   470
C2   4   0   50U
Q2   7   5   6    MQ1
R4   3   6   6.2K
*R4  3   10  6.2K
*R16 10  0   2K
*IE2 0   10  1.214M
R5   7   8   3.9K
R6   6   0   2K
*R14 6   11  6.2K
*V3  11  0   0.9687
C3   7   9   10U
RL   9   0   3.9K
*VOUT 9  0   AC   1   ；注：在求输出电阻时，在输出端接入电压源，并
                        使输入源为 0
VCC  8   0   9
.MODEL  MQ1  NPN  IS=2.5E-15  BF=120  RB=70
+CJC=2P  TF=4E-10  VAF=80
.OP
.AC  DEC  10  10  100MEG
.PROBE
.END
```

2. 结论分析

1）电路的直流工作点

通过输出文件可获得图 3-5-1 电路的静态工作点，其中 $V_3 = 0.9687V$，$I_{EQ2} \approx$ 1.21mA。

2）电路的主要性能指标的分析计算

（1）增益及其频响特性。图 3-5-3～图 3-5-6 分别为电路的开环电流、电压增益幅频特性和闭环电流、电压增益幅频特性曲线。由图可测出中频开环电流增益 $A_{iM} = i_o / i_i = 271.7$，上限截止频率 $f_H \approx 251kHz$，下限截止频率 $f_L \approx 48.5Hz$。中频开环源电压增益 $A_{VSM} = v_o / v_s = 176.6$，上限截止频率 $f_H \approx 636kHz$，下限截止频率 $f_L \approx 68.4Hz$。中频闭环电流增益 $A_{if} \approx 4.0$，上限截止频率 $f_{HF} = 18.6kHz$，下限截止频率 $f_{LF} \to 0$。中频闭环源电压增益 $A_{VSF} \approx 7.58$，上限截止频率 $f_{HF} \approx 15.6MHz$，下限截止频率 $f_{LF} \approx 18.7Hz$。

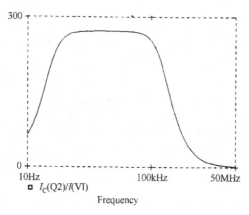

图 3-5-3　开环电流增益的幅频特性

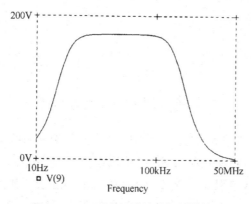

图 3-5-4　开环电压增益的幅频特性

因为电流反馈系数 $F_i \approx -R_6 / (R_4 + R_6) \approx -0.244$，所以反馈深度 $D = 1 + A_i F_i \approx 1 + 271.7 \times 0.244 \approx 67.30$。按方框图法，可计算闭环电流增益 $A_{if} = A_i / D \approx 271.7 / 67.30 \approx 4.04$，这个结果与对图 3-5-1 所示电路直接计算所得结果（图 3-5-5）非常相近。

闭环源电压增益 $A_{\mathrm{vsf}} = v_o/v_s = -i_o R_{\mathrm{L}}' / [(R_{\mathrm{S}}+R_{\mathrm{if}})i_i] = -A_{\mathrm{if}} R_{\mathrm{L}}'/(R_{\mathrm{S}}+R_{\mathrm{if}})$，输入电阻 R_{if} 由下面的分析获得，其值约为 30Ω，则 $|A_{\mathrm{vsf}}| \approx 4.04 \times (3.9//3.9)/(1+0.03) \approx 7.65$（上面的计算忽略了 Q_2 管的 r_{ce} 的影响），这个结果与对图 3-5-1 所示电路直接计算所得结果（图 3-5-6）也很接近。

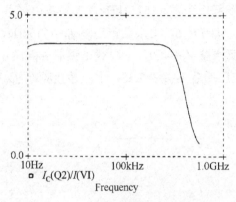

图 3-5-5　闭环电流增益的幅频特性

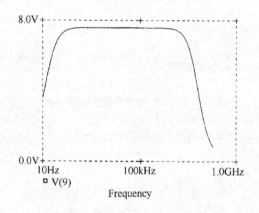

图 3-5-6　闭环电压增益的幅频特性

（2）输入电阻。图 3-5-7 与图 3-5-8 分别为开环输入阻抗与闭环输入阻抗特性曲线。在中频区，开环输入电阻 $R_i \approx 2.04\mathrm{k}\Omega$，闭环输入电阻 $R_{\mathrm{if}} \approx 30.1\Omega$。按方框图法计算，闭环输入电阻 $R_{\mathrm{if}} = R_i/D = 2040/67.30 \approx 30.3\Omega$，其值与直接计算结果相近（图 3-5-7）。可见电流并联负反馈使输入电阻下降（下降至开环输入电阻的 $1/D$）。

（3）输出电阻。图 3-5-9 为开环输出阻抗特性曲线。其中图 3-5-9(a)是由晶体管 Q_2 集电极看进去的阻抗特性（不包括集电极电阻 R_5），中频下输出电阻 $R_0 \approx 993\mathrm{k}\Omega$，该值较大其原因是基本放大电路中 Q_2 射极下接有负反馈电阻 $R_6//R_{14} \approx$

1.51kΩ 的原因。图 3-5-9(b)是从输出端往左看进去的输出阻抗特性，包括 R_5,中频下 $R_o \approx 3.888$kΩ， $R_o' = R_o // R_5 \approx R_5$。

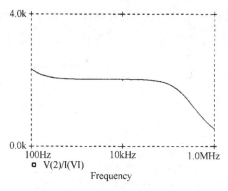

图 3-5-7 开环输入阻抗特性

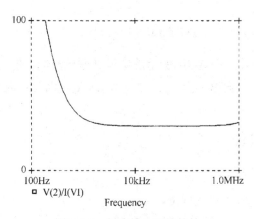

图 3-5-8 闭环输入阻抗特性

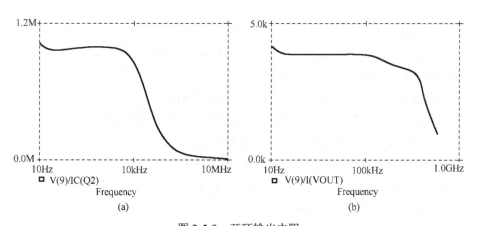

图 3-5-9 开环输出电阻

图 3-5-10 为闭环输出阻抗特性曲线。其中图 3-5-10(a)是晶体管 Q_2 集电极看进去的输出阻抗特性，中频下输出电阻 $R_{of} \approx 6.31$MΩ。图 3-5-10(b)是从输出端往左看进去的输出阻抗特性，中频 $R'_{of} \approx 3.90$kΩ，即 $R'_{of} = R_{of} /\!/ R_5 \approx R_5$。

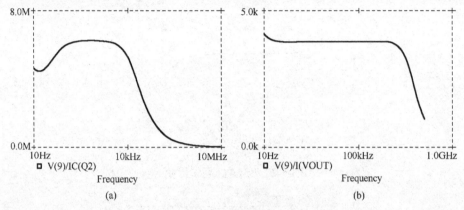

图 3-5-10　闭环输出电阻

由上面数据可看出，图 3-5-1 所示的电流并联负反馈，提高了从 Q_2 集电极看进去的输出电阻（稳定输出电流 i_o）。由于 $R_{of} \gg R_5$，因此反馈放大电路的总输出电阻 $R'_{of} \approx R_5 \approx 3.9$kΩ。

六、实验仪器及设备

1．计算机（装有 PSpice 集成环境）。

2．操作系统 Windows 95 以上。

七、实验报告要求

1．实验报告的书写要包括以下几部分内容：

一、实验目的；二、实验原理；三、实验内容；四、实验步骤及方法；五、实验数据记录及处理；六、实验结论。

2．本实验项目要求给出程序，简单画出仿真波形。

3．通过测量数据回答以下问题，并说明你通过此次实验有何感受。

（1）说明电流并联负反馈使电流增益如何变化？

（2）说明电流并联负反馈使输入电阻如何变化？

（3）说明电流并联负反馈使输出电阻如何变化？

（4）说明电流并联负反馈的电流增益的频带如何变化？

（5）说明电流并联负反馈的电压增益如何变化？其变化的程度与哪些因素有关？

实验六 电压比较器仿真

一、实验目的

1. 加深对电压比较器原理及性能的理解。
2. 掌握利用 PSpice 对电压比较器的测试方法。

二、预习要求

1. 复习电压比较电路工作原理。
2. 估计本实验电路两个输入端电位差。

三、实验原理

电压比较器是集成运放非线性应用电路，它将一个模拟电压信号和一个参考电压相比较，在二者幅度相等的附近，输出电压将产生跃变，相应地输出高电平或低电平。比较器可以组成非正弦波形变换电路，以及应用于模拟与数字信号转换等领域。电压比较器的工作原理在第二章中已详述，这里不再过多重复。

四、实验内容及步骤

图 3-6-2 是通用集成运放和集成电压比较器构成的简单比较器电路。其中运放型号为 μA741，比较器型号为 LM111（图 3-6-1）。

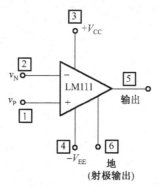

图 3-6-1 LM111 宏模型与外电路连接示意图

1. 设 v_I 是高电平为 3V，低电平为 0V，周期为 60μs 的方波脉冲，分别求输出电压 v_{O1}，v_{O2} 的波形，观察二者的响应时间有何不同。

2．设输入电压 v_I 是一直流扫描电压，作直流传输特性，观察二者的灵敏度有何不同。

3．设基准电压 $V_{REF} = 0$，输入电压是幅度为 2V、频率为 1kHz 的正弦波，求输出电压 v_{O1}，v_{O2} 的波形。

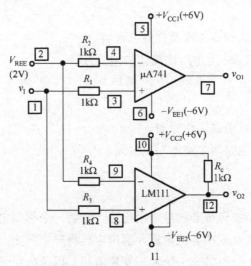

图 3-6-2　简单比较器电路

五、参考网单文件及结论分析

1．实验内容的网单文件参考

```
EXAMPLE    COMPARER
R1    1   3   1K
R2    2   4   1K
R3    1   8   1K
R4    2   9   1K
RC    10  12  1K
VCC1  5   0   DC   6
VEE1  6   0   DC   -6
VCC2  10  0   DC   6
VEE2  11  0   DC   -6
VI    1   0   PULSE(0  3  2US   +1NS   1NS   30US   60US)
*VI   1   0   DC   1
*VI   1   0   SIN(0   2   +1K   .1MS)
VREF  2   0   DC   2
```

```
*VREF   2   0    DC   2
X1      3   4    5   6   7    UA741
X2      8   9    10  11  12    LM111
.LIB    LINEAR.LIB
.TRAN   0.1US    100US
*.DC    VI    1.995   2.005    0.01MV
*.TRAN  1US    1.8MS
.END
```

2．结论分析

（1）输入电压 v_I 是高电平为 3V，低电平为 0V，周期为 60μs 的脉冲，集成运放及比较器的输出电压波形如图 3-6-3 所示。由图可以看出，v_{O2}（即 V(12)）的波形跳变边沿很陡，而 v_{O1}（即 V(7)）波形跳变沿很差，这是因为通用运放 μA741内部有较大的相位补偿电容，因而大信号工作时其跳变边沿不能快速变化，从而工作速度受到了限制，所以 v_{O1} 波形跳变沿很差。而专用电压比较器不需要相位补偿，转换速率较高，所以 v_{O2} 的波形跳变边沿很陡。因此，在高速工作时一般应选择集成电压比较器。

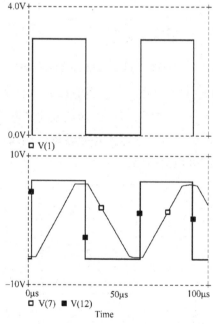

图 3-6-3　μA741 和电压比较器 LM111 的输出电压波形

（2）输入电压 v_I 是一直流扫描电压，计算得到运放及集成比较器输出的直流传输特性如图 3-6-4 所示。很明显，μA741 作比较器时其灵敏度（约为 0.1mV）比 LM111 的灵敏度（约为 0.35mV）高很多。这是由于在 LM111 输出端上拉电阻 R_C = 1kΩ 条件下其开环电压增益比 μA741 的开环电压增益低很多的原因。一般来说，为了获得较高的灵敏度，选用高增益集成运放作比较器是适宜的。

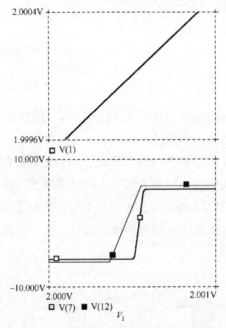

图 3-6-4　μA741 和 LM111 的直流传输特性

（3）设 V_{REF}=0，输入正弦信号，仿真得到输出电压 v_{O1}、v_{O2} 的波形分别如图 3-6-5 所示。每当输入正弦电压过零时，运放及比较器的输出状态发生跳变，因而它们是过零比较器，其功能是把输入正弦波形变换成方波电压输出，所以是一个波形变换器，也是过零检测电路。

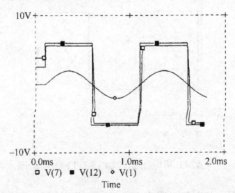

图 3-6-5　输入正弦波时的输出电压 v_{O1}、v_{O2} 波形

六、实验仪器及设备

1．计算机（装有 PSpice 集成环境）。

2．操作系统 Windows 95 以上。

七、实验报告要求

1．实验报告的书写要包括以下几部分内容：

一、实验目的；二、实验原理；三、实验内容；四、实验步骤及方法；五、实验数据记录及处理；六、实验结论。

2．本实验项目要求给出程序，简单画出仿真波形。

3．通过测量数据回答相关问题，并说明你通过此次实验有何感受。

实验七　RC 正弦波振荡器仿真

一、实验目的

1. 熟悉并掌握 RC 振荡器的特性。
2. 掌握利用 PSpice 测量，调试振荡器。

二、预习要求

1. 复习 RC 桥式振荡电路的工作原理。
2. 复习 RC 正弦波振荡电路实验及相关结论。

三、实验原理

从结构上看，正弦波振荡器是没有输入信号的，带选频网络的正反馈放大器。若用 R、C 元件组成选频网络，就称为 RC 振荡器，一般用来产生频率范围为 1～1MHz 的信号。RC 正弦波振荡器的工作原理在第二章中已详述，这里不再过多重复。

四、实验内容与步骤

设计一个 RC 振荡器。要求振荡频率 f_0 = 500Hz，输出信号幅度＞8V，非线性失真系数 D＜4.0%。参考图 3-7-1 所示运放 μA741 和 RC 串并联选频网络组成的文氏电桥振荡器的电原理图，设 $R_1 = R_2 = R$，$C_1 = C_2 = C$。

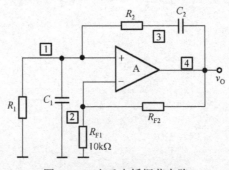

图 3-7-1　文氏电桥振荡电路

五、参考网单文件及结论分析

1. 实验内容的网单文件参考

```
awien bridge osc
R1        1    0    32K
C1        1    0    0.01U
R2        1    3    32K
C2        3    4    0.01U
RF1       2    0    10K
RF2       2    4    22K
XOP       1    2    11   12   4    UA741
.LIB          LINEAR.LIB
VCC       11   0    15
VEE       12   0    -15
*D1       4    5    D1N914
*D2       5    4    D1N914
*.LIB   DIODE.LIB
*RD       4    5    4.7K
*.MODEL RMOD    RES(R=10K)
*.STEP      RES       RMOD(R) 17K       19K       0.5K
.TRAN     0.2M    20M    0    0.2M    UIC
.FOUR       500    V(4)
.IC     V(1)=0.5
.OPTIONS        ITL5=0
.PROBE
.END
```

2. 电路设计与分析

（1）振荡器的振荡条件是 $f_0 = 1/(2\pi RC)$，$R_{F2} > 2R_{F1}$，现取 $C = 0.01\mu F$，则 $R \approx 32k\Omega$。另外，取 $R_{F1} = 10k\Omega$，则 $R_{F2} = 22k\Omega$（略大于 $2R_{F1}$），以便于起振。

电路进行瞬态分析，输出电压波形如图 3-7-2 所示，可测得 $T_0 = 2.012ms$，所以 $f_0 \approx 497Hz$。可见波形失真较大，这是因为没有采取稳幅措施，运放工作进入饱和区的缘故。

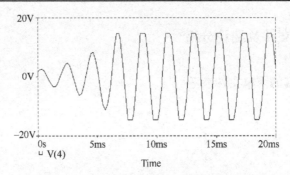

图 3-7-2　文氏电桥振荡电路输出电压波形

（2）为了保证电路正常起振和输出波形失真最小，电路需加上增益自动控制电路。图 3-7-3 是一个简单的二极管稳幅电路，即增加 VD_1、VD_2、R_D 三个元件。这时需调节 R_{F2}，使得当刚起振时信号最小，二极管截止，负反馈函数 $F \approx R_{F1}/(R_{F1}+R_{F2}+R_D)$ 略大于 1/3，以满足起振条件。而当输出波形振幅较大时，二极管导通，负反馈系数 $F \approx R_{F1}/(R_{F1}+R_{F2})$ 增加，电压增益下降，达到限制振幅增长的目的。为此，电路输入网单文件中增加几条首字母为*号的语句（运行时要把*去掉）。通过瞬态波形分析，可得到稳幅后的输出波形，如图 3-7-4 所示。可见，$R_{F2}=19k\Omega$ 时，波形失真大。对 R_{F2} 分别为 $17k\Omega$、$17.5k\Omega$、$18k\Omega$、$18.5k\Omega$ 进行傅里叶分析结果显示如下：

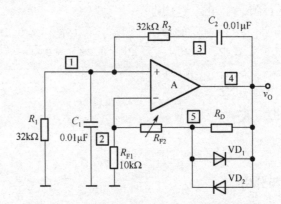

图 3-7-3　采用二极管稳幅的文氏桥振荡电路

```
****      FOURIER ANALYSIS          TEMPERATURE = 27.000 DEG C
****      CURRENT STEP              RMOD R = 17.0000E+03
   TOTAL HARMONIC DISTORTION = 3.144656E+00 PERCENT
****      CURRENT STEP              RMOD R = 17.5000E+03
   TOTAL HARMONIC DISTORTION = 3.913424E+00 PERCENT
****      CURRENT STEP              RMOD R = 18.0000E+03
```

```
              TOTAL HARMONIC DISTORTION = 3.579095E+00 PERCENT
    ****        CURRENT STEP                    RMOD R = 18.5000E+03
              TOTAL HARMONIC DISTORTION =     3.643059E+00 PERCENT
```

可以看出,它们的谐波非线性失真系数 D 分别为 3.14%、3.91%、3.57%、3.64%。可见,当 R_{F2} 取 17kΩ 至 18.5kΩ 时谐波非线性失真都较小。而由输出文件中得知,R_{F2} 在 4 种阻值时的基波分量的电压分别为 6.039V、7.527V、9.719V、13.28V。所以,$R_{F2} \approx 18$kΩ 或 18.5kΩ 时,输出波形失真较小,且幅度满足>8V 的要求。

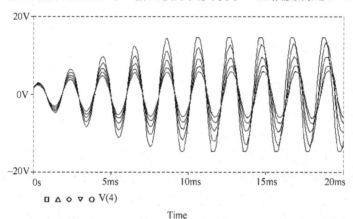

图 3-7-4 稳幅后 R_{F2} = 17、17.5、18、18.5、19kΩ 时的输出波形

六、实验仪器与设备

1. 计算机(装有 PSpice 集成环境)。

2. 操作系统 Windows 95 以上。

七、实验报要求

1. 实验报告的书写要包括以下几部分内容:

一、实验目的;二、实验原理;三、实验内容;四、实验步骤及方法;五、实验数据记录及处理;六、实验结论。

2. 本实验项目要求给出程序,简单画出仿真波形。

3. 通过测量数据回答相关问题,并说明你通过此次实验有何感受。

实验八　互补对称功率放大电路仿真

一、实验目的

1. 进一步理解互补对称功率放大器的工作原理。
2. 掌握利用 PSpice 对互补对称功率放大电路的调试及主要性能指标的测试方法。

二、预习要求

复习互补对称功率放大电路工作原理。

三、实验原理

典型互补对称功率放大器如图 3-8-1 所示，放大管工作在乙类状态，显然功耗小，有利于提高效率，但输出波形失真严重。如果用两个对称的异型管（一个 NPN 型，一个 PNP 型），使之都工作在乙类放大状态，但一个在输入信号正半周期工作，另一个在负半周期工作，同时使两电路输出加到某一负载上，从而在负载上得到一个稳定完整波形。即组成乙类互补对称功率放大电路，从而解决了效率与失真问题。互补对称功率放大器的工作原理在第二章中已详述，这里不再过多重复。

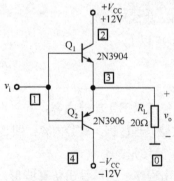

图 3-8-1　互补对称功率放大器

四、实验内容与步骤

双电源互补对称电路如图 3-8-1 所示，已知 $V_{CC} = 12V$，$R_L = 20\Omega$，v_i 为正弦波电压。

（1）试观测输出电压 v_o 波形的交越失真，并求出失真电压的范围。

（2）如在 Q_1、Q_2 两基极间加上两只二极管 VD_1、VD_2 及相应电路，如图 3-8-2 所示，构成甲乙类互补对称功放电路。试观察 v_o 的交越失真是否消除；并求最大输出电压范围。

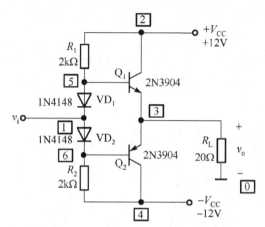

图 3-8-2　甲乙类互补对称功率放大器

五、参考网单文件及结论分析

1. 实验内容的网单文件参考

```
A    OCL    AMP
Q1    2    1    3    Q2N3904
Q2    4    1    3    Q2N3906
RL    3    0    20
VCC1  2    0    12
VCC2  4    0    -12
.LIB EVAL.LIB
VI    1    0    SIN(0  5  1K)

.TRAN   2E-5   5E-3    0   1E-5
.DC  VI   -2   2    0.1
*.DC  VI   -10   10   0.1
.PROBE
.END
```

2. 结论分析

（1）首先运行.TRAN 语句得到输入输出波形如图 3-8-3 所示[V(1)、V(3)分别为输入输出波形]，可见，输出波形有交越失真。再运行第一个.DC 语句，得到电压传输特性如图 3-8-4 所示，可测得输入电压在−0.68～0.68V 范围内输出电压出现失真。

（2）将电路改成图 3-8-2 所示形式，修改输入网单文件，重复（1）的步骤，可得到电路的输出波形和传输特性分别如图 3-8-5、图 3-8-6 所示，可见，输出电压波形已无交越失真。

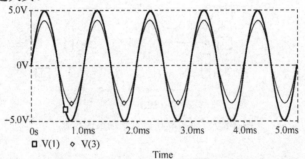

图 3-8-3　图 3-8-1 的输入与输出波形

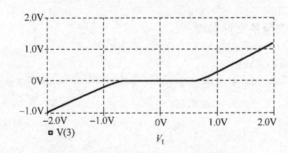

图 3-8-4　图 3-8-1 的电压传输特性

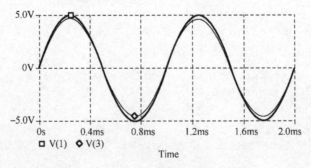

图 3-8-5　图 3-8-2 的输入与输出波形

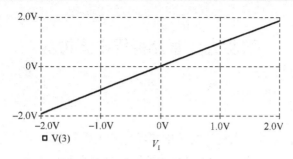

图 3-8-6　图 3-8-2 的电压传输特性（$V_I = -2 \sim 2V$ 时）

（3）运行第二个.DC 语句，得到电压传输特性如图 3-8-7 所示，可测得输出电压最大范围为 $-5 \sim +5V$。

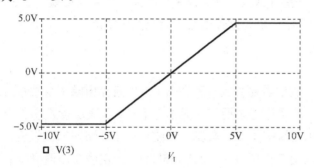

图 3-8-7　图 3-8-2 的电压传输特性（$V_I = -10 \sim 10V$ 时）

六、实验仪器及设备

1．计算机（装有 PSpice 集成环境）。

2．操作系统 Windows 95 以上。

七、实验报告要求

1．实验报告的书写要包括以下几部分内容：

一、实验目的；二、实验原理；三、实验内容；四、实验步骤及方法；五、实验数据记录及处理；六、实验结论。

2．本实验项目要求给出程序，简单画出仿真波形。

3．通过测量数据回答相关问题，并说明你通过此次实验有何感受。

实验九　　直流稳压电源仿真

一、实验目的

1. 进一步掌握串联式直流稳压电路组成及工作原理。
2. 掌握利用 PSpice 对串联型晶体管稳压电源主要技术指标的测试方法。

二、预习要求

1. 复习教材直流稳压电源部分关于电源主要参数及测试方法。
2. 复习直流稳压电源硬件电路实验及相关结论。

三、实验原理

电子设备一般都需要直流电源供电。这些直流电除了少数直接利用干电池和直流发电机外，大多数是采用把交流电（市电）转变为直流电的直流稳压电源。直流稳压电源由电源变压器、整流、滤波和稳压电路四部分组成，如图 3-9-1 所示。电网供给的交流电压 V_1（220V，50Hz）经电源变压器降压后，得到符合电路需要的交流电压，然后由整流电路变换成方向不变、大小随时间变化的脉动电压，再用滤波器滤去其交流分量，就可得到比较平直的直流电压。但这样的直流输出电压，还会随着交流电网电压的波动或负载的变动而变化。在对直流供电要求较高的场合，还需要使用稳压电路，以保证输出直流电压更加稳定。串联式直流稳压电路具体的工作原理在第二章中已详述，这里不再过多重复。本实验主要是通过 PSpice 仿真波形进行了串联式直流稳压电路特性及性能指标的讨论。

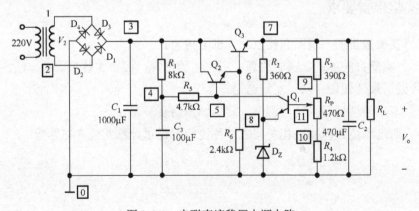

图 3-9-1　串联直流稳压电源电路

四、实验内容与步骤

串联式直流稳压电路如图 3-9-1 所示，三极管为 2N3904，稳压管为 1N751，二极管为 1N4148，输入电压 $V_2 = 18\sin\omega t\mathrm{V}$，电位器 R_P 处于中间位置：

（1）分别求 V_A、V_o 的波形，观察输出电压的建立和稳定过程；

（2）输出电压稳定后，分别求 V_A、V_o 的直流平均值及其纹波大小；

（3）当负载从 30Ω 变到 300Ω 时，输出电压的变化情况，并求输出电阻 $R_o =$

$$\left. \frac{\Delta V_o}{\Delta I_o} \right|_{\Delta V_1 = 0, \Delta T = 0} ;$$

（4）当输入电压 $V_i(V_A)$ 增加 10% 时，观察输出电压的变化情况，并求稳压

系数 $\gamma = \left. \dfrac{\Delta V_o / V_o}{\Delta V_I / V_I} \right|_{\Delta I_o = 0, \Delta T = 0}$ 的值。

五、参考网单文件及结论分析

1. 实验内容的网单文件参考

```
A    DC
D1   2    3    D1N4148
D2   0    2    D1N4148
D3   1    3    D1N4148
D4   0    1    D1N4148
DZ1  0    8    D1N750
R1   3    4    1.8K
R2   7    8    360
R3   7    9    390
R4   10   0    1.2K
R5   4    5    4.7K
R6   6    0    2.4K
RP1  9    11   250
RP2  11   10   220
RL   7    0    150
*RL  7    0    RMOD      1
*.MODEL     RMOD      RES(R=150)
*.DC RES    RMOD（R) 30  300  10
C1   3    0    1000U
```

```
C2   7    0    470U
C3   4    0    100U
Q1   5    11   8    Q2N3904
Q2   3    5    6    Q2N3904
Q3   3    6    7    Q2N3904
V2   1    2    SIN(0 18 50)
*V3  3    0    15.8
*.DC V3 14.6    17 0.01
*.DC    TEMP   25 50 1
.LIB    EVAL.LIB
.TRAN   5US 800MS
.PROBE
.END
```

2．结论分析

（1）运行.TRAN 语句，得到 V_A、V_o 的波形如图 3-9-2 所示。

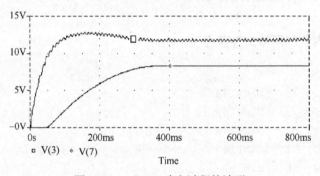

图 3-9-2　V_A、V_o 建立过程的波形

（2）将图 3-9-2 中波形局部放大得到波形，如图 3-9-3 所示，由图中可看出，输出 V_A（即 $V(3)$）的直流平均值约为 11.8V，其纹波的峰-峰值约为 0.53V；V_o（即 $V(7)$）的直流平均值约为 8.2686V，其纹波的峰-峰值约为 0.2mV。

（3）当负载 R_L 从 30Ω 增加到 300Ω，运行第一个.DC 语句，输出电压变化如图 3-9-4 所示。可以测出 $\Delta V_o = 8.2706 - 8.2628 = 7.8\text{mV}$，经过计算，负载电流由 275mA 变为 27mA，即 $\Delta I = 248\text{mA}$，所以输出电阻 $R_o = \left.\dfrac{\Delta V_o}{\Delta I_o}\right|_{\Delta V_I = 0, \Delta T = 0} \approx 0.031\Omega$。

（4）当输入电压 V_i（V_A）增加 10% 时，运行第二个.DC 语句，输出电压随输入电压的变化情况如图 3-9-5 所示。可测出 $\Delta V_o = 8.2903 - 8.2310 \approx 0.0593\text{V}$，而 $\Delta V_i = 2.36\text{V}$，经过计算求出稳压系数 $\gamma = 0.00143$。

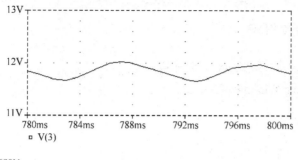

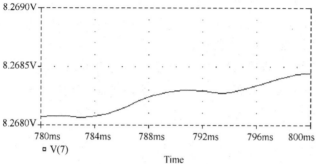

图 3-9-3　V_A、V_o 的稳态波形

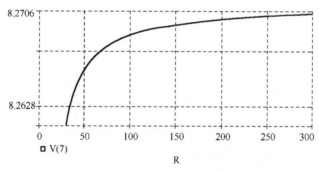

图 3-9-4　负载从 30～300Ω 时 V_o 的波形

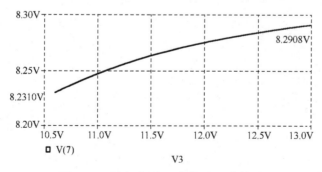

图 3-9-5　输入电压 V_A 变化时 V_o 的波形

六、实验仪器及设备

1. 计算机（装有 PSpice 集成环境）。

2. 操作系统 Windows 95 以上。

七、实验报告要求

1. 实验报告的书写要包括以下几部分内容：

一、实验目的；二、实验原理；三、实验内容；四、实验步骤及方法；五、实验数据记录及处理；六、实验结论。

2. 本实验项目要求给出程序，简单画出仿真波形。

3. 通过测量数据回答相关问题，并说明你通过此次实验有何感受。

实验十 心电图信号放大器的设计（综合设计性）

一、实验目的

1．了解电子电路自上而下的设计过程。
2．掌握如何用 PSpice 对设计方案和具体电路进行分析。

二、设计任务

设计一个心电图信号放大器，具体指标如下。

（1）心电信号幅度在 50μV～5mV 之间，频率范围为 0.032～250Hz。

（2）人体内阻、检测电极板与皮肤的接触电阻（即信号源内阻）为几十千欧。

（3）放大器的输出电压最大值为–5～+5V。

三、实验原理

1．确定总体设计目标

由第一个指标可知该放大器的输入信号属于微弱信号，所要求的放大器应具有较高的电压增益和低噪声、低漂移特性。由指标 2 可知，为了减轻微弱心电信号源的负载，放大器必须有很高的输入阻抗。另外，为了减小人体接收的空间电磁场的各种信号（即共模信号），要求放大器应具有较高的共模抑制比。因此，可考虑心电放大器的性能指标如下。

（1）差模电压增益：1000(5V/5mV)。

（2）差模输入阻抗：＞10MΩ。

（3）共模抑制比：80dB。

（4）通频带：0.032～250Hz。

2．方案设计

根据性能指标要求，要采用多级放大电路，其中前置放大器的设计决定了输入阻抗，共模抑制比和噪声，可选用 BiFET 型运放，本设计采用了 LF4111 型运放（其 $A_{vo} = 4 \times 10^5$，$R_{id} \approx 4 \times 10^{11}\Omega$，$A_{vc} = 2$），由于单极同相放大器的共模抑制比无法达到设计要求（可通过 PSpice 仿真波形看出），本设计采用了由三个 LF411 型运放构成的仪用放大器。

　　第二级放大器的任务是进一步提高放大电路的电压增益，使总增益达到1000。其次为了消除高、低噪声，需要设计一个带通滤波器。因为滤波器没有特殊要求，本设计可采用较简单的一阶高通滤波器和一阶低通滤波器构成的带通滤波器。

四、实验内容与步骤

　　1．根据设计方案确定心电放大电路原理图，并计算出各指标的理论数值。
　　2．编写原理图的网单文件，并仿真调试，验证本方案能否满足性能指标要求。

五、详细设计方案及仿真结论参考

1．详细设计及理论指标计算

　　根据上述设计方案，确定了心电放大电路的原理图，如图 3-10-1 所示。A_1、A_2、A_3 及相应的电阻构成前置放大器，其差模增益被分配为 40，其中 A_1、A_2 构成的差放被分配为 16，其计算公式为：$A_{vd1}=(V_{o1}-V_{o2})/V_i=(R_1+R_2+R_3)/R_1$，$A_{vd2}= V_{o3}/(V_{o1}-V_{o2}) = -R_6/R_4 = 1.6$。

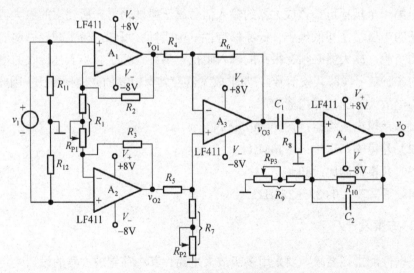

图 3-10-1　心电放大器原理图

　　为了避免输入端开路时放大器出现饱和状态，在两个输入端到地之间分别串接两个电阻 R_{11}、R_{22}，其取值很大，以满足差模输入阻抗的要求。第二级由 A_4

及相应的电阻、电容构成。在通带内，其被分配的差模增益应为(1000/40=25)，即 $A_{vd3} = v_o / v_{o3} = 1+R_{10} / R_9 = 25$ 取 $R_9=1k\Omega$，$R_{10}=24k\Omega$。

C_1、R_8 构成高通滤波器，要求 $f_L = 0.032Hz$。取 $R_8=1M\Omega$，则可算出 $C_1 = 4.58\mu F$，取标称值电容 $C_1 = 4.7\mu F$，算得 $f_L = 1/(2\pi \times C_1 \times R_8) = 0.034Hz$。$C_2$、$R_{10}$ 构成低通滤波器，要求 $f_H = 250Hz$。取 $R_{10} = 24k\Omega$，可算出 $C_2 = 0.03316\mu F$，取标称值电容 $C_2 = 0.033\mu F$，最后算出 $f_H = 1/(2\pi \times C_2 \times R_{10})=251.95Hz$。可见满足带宽要求。

2．计算机仿真调试

本调试要完成两个任务：① 功能分析与指标测量；② 参数灵敏度分析及容差分析。

由直流小信号分析（即.TF 语句）得到差模输入电阻为 $4\times10^7\Omega$，共模输入电阻为 $2\times10^7\Omega$。可见满足性能指标要求。

由幅频特性分析（.AC 语句）得到前置放大器的差模幅频特性和共模幅频特性如图 3-10-2、图 3-10-3 所示。可测得差模增益 $A_{vd} = 40$，频宽 $BW = 345151Hz$，共模增益 $A_{vc} = 7.95\times10^{-6}$。可见，共模抑制比为 $40/(7.95\times10^{-6}) \approx 5\times10^6 = 134dB$，满足性能指标要求。

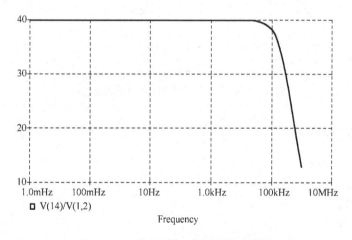

图 3-10-2　前置放大器的差模幅频特性

由幅频特性分析得到第二级带通放大器的幅频特性如图 3-10-4 所示，可测得 $A_v \approx 25$，$f_L \approx 0.032Hz$，$f_H = 250Hz$。满足设计要求。

通过计算机仿真调试后，最后还应在实验板上搭建实际电路进行实验调试。具体调试方法和过程在实验课中解决，这里不再赘述。

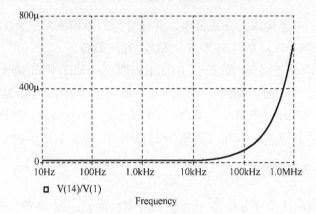

图 3-10-3　前置放大器的共模幅频特性

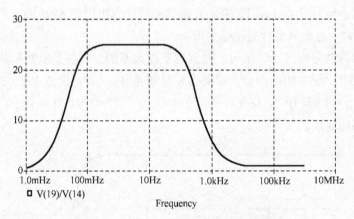

图 3-10-4　第二级带通放大器的幅频特性

3. 参考网单文件

```
A      AMP
VI     1  2  AC   1
*VI1   1  0  AC   1
*VI2   2  0  AC   1
R11    1  0  20000000
R12    2  0  20000000
R1     3  5  2K
R2     3  6  24K
R3     5  7  24K
R4     6  13  10K
R5     7  12  10K
R6     13 14  16K
```

```
R7    12 0   16K
R8    17 0   1000000
R9    18 0   1K
R10   18 19  24K
C1    14 17  4.7U
C2    18 19  0.033U
X1    1  3  8  9  6  LF411
X2    2  5  10 11 7  LF411
X3    12 12 13 15 16 14 LF411
X4    17 18 20 21 18 19 LF411
Vc1   8  0  8
Ve1   9  0  -8
Vc2   10 0  8
Ve2   11 0  -8
Vc3   15 0  8
Vc4   20 0  8
Ve4   21 0  -8
.LIB  LINEAR.LIB
.AC   DEC  10 1.0m  1.0MEG
.TF   V(14)  VI
*.TF  V(14)  VI1
.PROBE
.END
```

六、实验报告要求

1. 实验报告的书写要包括以下几部分内容：

一、实验目的；二、实验原理；三、实验内容；四、实验步骤及方法；五、实验数据记录及处理；六、实验结论。

2. 本实验项目要求给出程序，简单画出仿真波形。

3. 通过测量数据回答以下问题，并说明你通过此次实验有何感受。

（1）改变通频带的下限频率和上限频率应调整什么器件的参数？其对放大倍数是否有影响？

（2）用语句如何描述共模和差模信号？

第四章　设计性实验

实验一　单管放大电路的设计

一、实验目的

1. 掌握单级阻容耦合晶体管放大电路的设计方法。
2. 掌握晶体管放大电路静态工作点的设置与调整方法。
3. 熟悉测量放大电路的方法，了解共射极电路的特性及静态工作点对放大电路动态性能的影响。
4. 学习放大电路的安装与调试技术。

二、预习要求

1. 根据设计任务和已知条件，确定电路方案。
2. 按设计任务与要求设计电路图。
3. 对设计电路中的有关元器件进行参数计算和选择。

三、设计任务与要求

1. 设计任务

设计一个能够稳定静态工作点的单级阻容耦合晶体管放大电路。
已知以下条件。
(1) 电压放大倍数：$A \geqslant 30$。
(2) 工作频率范围：$20 \sim 200\text{kHz}$。
(3) 电源电压：$V_{CC} = +12\text{V}$。
(4) 负载电阻：$R_L = 2\text{k}\Omega$。
(5) 输入信号：$U_i = 10\text{mV}$（有效值）。

2．设计要求

（1）根据设计任务和已知条件，确定电路方案，计算并选取电路各元件参数。
（2）静态工作点设置合理，电路不失真。
（3）电压增益 A_u 等主要性能指标满足设计要求。
（4）电路稳定，无故障。

四、设计原理与参考电路

1．放大电路的组成原则

（1）放大电路的核心元件是有源元件，即晶体管或场效应管。
（2）正确的直流电源电压数值、极性与其他电路参数应保证晶体管工作在放大区、场效应管工作在恒流区，即建立起合适的静态工作点，保证电路不失真。
（3）输入信号应能够有效地作用于有源元件的输入回路，即晶体管的 b-e 回路，场效应管的 g-s 回路；输出信号能够作用于负载之上。

设计电路可参考图 4-1-1。

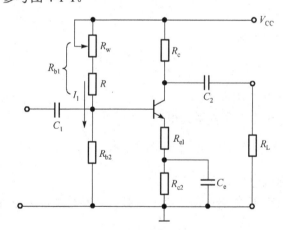

图 4-1-1　单级阻容耦合晶体管放大电路

2．晶体管放大电路的设计方法

1）选择电路形式

（1）单管放大电路有三种可能的接法：共射、共基、共集。其中以共发射极放大电路应用最广。

（2）根据稳定性、经济性的要求，最常用的是工作点稳定的电路，即分压式偏置电路。

（3）采用什么反馈方式，主要根据负载的要求及信号内阻的情况来考虑。如果输入电阻较小，可采用串联反馈方式，以增加输入电阻。对于单管放大电路常采用电流反馈，这样电路比较简单。

2）选择静态工作点

晶体管正常工作状态的确定，应综合以下因素加以考虑。

（1）晶体管工作在放大区。

（2）为节省电源耗电，Q 点应选在小电流、低电压处。

（3）I_C 和 U_{CE} 不宜太小，以免失真。

各级静态工作点一般选择在下列范围：$I_C = 1\sim3\text{mA}$，$U_{CE} = 2\sim5\text{V}$。

3）元件参数的选择

一般工程设计时，硅管取 $I_1 = (5\sim10)I_B$，$U_B = 3\sim5\text{V}$；锗管取 $I_1 = (10\sim20)I_B$，$U_B = 1\sim3\text{V}$；$I_C = 1\sim3\text{mA}$。

（1）确定电阻 R_e。

电阻 R_e 可以选取为：

$$R_e = \frac{U_E}{I_c} = \frac{U_B - U_{BE}}{I_c}$$

（2）确定偏置电阻 R_{b2}、R_{b1}。

电阻 R_{b1}、R_{b2} 可由下面关系式得到

$$R_{b1} = \frac{V_{CC}}{I_1} - R_{b2} \qquad R_{b2} = \frac{U_B}{I_1}$$

（3）选择集电极电阻 R_c。

选择集电极电阻 R_c 应考虑两方面的问题，一是要满足 A_u 的要求，即：

$$\frac{\beta R_i'}{r_{be}} > |A_u|$$

式中，$r_{be} = r_{bb}' + (1+\beta)\dfrac{26\text{mA}}{I_E}$，$\dfrac{\beta R_L'}{r_{be}} > |A_u|$，$R_L' = R_L // R_c$（$R_L$ 已知）。

二是要避免产生非线性失真，在满足式 $U_{CE} > U_{omax} + U_{CES}$ 的条件下（$U_{omax} = A_u \cdot \sqrt{2}U_i$，$U_{CES}$ 饱和压降一般可取 1V），先确定晶体管压降 U_{CE}，再由电路求出 R_c：

$$R_c = \frac{V_{CC} - U_{CE} - U_E}{I_c}$$

（4）耦合电容 C_1、C_2 和射极旁路电容 C_e 的选择。

耦合电容 C_1、C_2 和射极旁路电容 C_e 决定放大电路的下限频率 f_L，如果放大器的下限频率 f_L 已知，可按下列表达式估算耦合电容 C_1、C_2 和射极旁路电容 C_e，其中

$$C_1 \geq (3 \sim 10) / 2\pi f_L (R_s + r_{be})$$

$$C_2 \geq (3 \sim 10) / 2\pi f_L (R_c + R_L)$$

$$C_e \geq (1 \sim 3) / 2\pi f_L \{R_e // [(R_s + r_{be})]/(1 + \beta)\}$$

R_s 为信号源内阻，电容 C_1、C_2 和 C_e 均为电解电容，一般 C_1、C_2 选用 4.7～10μF，C_e 选用 33～200μF。

五、实验内容及步骤

1．按设计任务与要求设计具体电路。

2．根据已知条件及性能指标要求，确定元器件(晶体管可以选择硅管或锗管)型号，设置静态工作点，计算电路元件参数(以上两步要求在实验前完成)。

3．在实验板上安装电路。检查实验电路接线无误之后接通电源。

4．测量直流工作点。测试并记录 U_{BEQ}、I_{CQ} 和 U_{CEQ} 的值，将实测值与理论计算值进行比较分析。

5．调整元件参数，使其满足设计要求，将修改后的元件参数值标在设计的电路图上。

6．测量放大电路的电压放大倍数。

接入 $f = 1kHz$，$U_i = 10 mV$（有效值）的输入信号，用示波器观察输入电压波形和负载电阻上的输出电压波形，在波形不发生失真的条件下，用毫伏表测出电压的有效值 U_o，计算出电压放大倍数。

7．观察负载电阻对放大倍数的影响。

将负载电阻更换，重新测量放大电路的电压放大倍数，记录数据（自拟表格）。

8．测量最大不失真输出电压幅值。

调节信号发生器，逐渐增大输入信号，同时观察输出电压波形变化，然后测出波形无明显失真的最大允许输入电压和输出电压的有效值，最后计算出最大输出电压幅值。

六、实验报告要求

1. 写出设计原理、设计步骤及计算公式，画出电路图，并标注元件参数值。
2. 整理实验数据，计算实验结果，画出波形。
3. 进行误差分析。
4. 总结提高电压放大倍数采取的措施。
5. 分析输出波形失真的原因及性质，并提出消除失真的方法。

七、思考题

1. 放大电路在小信号下工作时，电压放大倍数决定于哪些因素？为什么加上负载后放大倍数会变化？
2. 为什么必须设置合适的静态工作点？
3. 如何调整放大电路的静态工作点？静态工作点的最佳位置如何确定？
4. 当静态工作点合适时，输入信号过大，放大电路将产生何种失真？
5. 电路中电容的作用是什么？电容的极性应怎样正确连接？

实验二　集成运算放大电路的设计

一、实验目的

1. 掌握反相比例运算、同相比例运算、加法和减法运算电路的原理，设计方法及测量方法。

2. 能正确分析运算精度与运算电路中各元件参数之间的关系，能正确理解"虚断"、"虚短"的概念。

二、预习要求

1. 预习集成运算放大器基本运算电路的工作原理。

2. 根据实验内容，自拟实验方法和调试步骤。

三、设计任务与要求

1. 设计任务

设计一个能实现下列运算关系的运算电路。

技术要求：输出失调电压 $U_o \leqslant \pm 5\text{mV}$。

2. 设计要求

（1）确定电路方案，计算并选取电路的元件参数。

（2）电路稳定，无自激振荡。

四、设计原理与参考电路

在应用集成运算放大器时，必须注意以下问题：

1. 集成运算放大器是由多级放大电路组成的，将其闭环构成深度负反馈时，可能会在某些频率上产生附加相移，造成电路工作不稳定，甚至产生自激振荡，使运算放大器无法正常工作，所以必须在相应运算放大器规定的引脚端接上相位补偿网络。

2. 在需要放大含直流分量信号的应用场合，为了补偿运算放大器本身失调的影响，保证在集成运算放大器闭环工作后，输入为零时输出为零，必须考虑调零问题。

3. 为了消除输入偏置电流的影响，通常让集成运算放大器两个输入端对地直流电阻相等，以确保其处于平衡对称的工作状态。

1. 反相比例运算电路

电路如图 4-2-1 所示。信号由反相端输入，输出与相位相反。输出电压经反馈到反相输入端，构成电压并联负反馈电路。在设计电路时，应注意，为保证电路正常工作，应满足 $U_o \leqslant U_{omax}$，另外应选择 $R_b = R_1/R_f$，其中 R_1 为闭环输入电阻，由"虚短"、"虚断"原理可知，该电路的闭环电压放大倍数为 $A_{uF} = -R_f/R_1$。

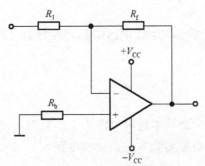

图 4-2-1　反相比例运算电路

2. 同相比例运算电路

电路如图 4-2-2 所示。它属电压串联负反馈电路，其输入阻抗高，输出阻抗低，具有放大及阻抗变换作用，通常用于隔离或缓冲级。其闭环电压放大倍数为：

$$A_{uF} = 1 + \frac{R_f}{R_1}$$

当 $R_f = 0$ (或 $R_1 = \infty$)，$A_{uF} = 1$，即输出电压与输入电压大小相等、相位相同，这种电路称为电压跟随器。它具有很大的输入电阻和很小的输出电阻，其作用与晶体管射极跟随器相似。同理，应选择 $R_b = R_1/R_f$。

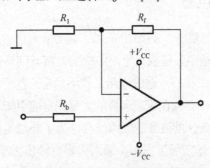

图 4-2-2　同相比例运算电路

同相输入比例电路必须考虑共模信号问题。对于实际运算放大器来说，加在两个输入端上的共模电压接近于信号电压 U_i，差模放大倍数 A_{uD} 不是无穷大，共模放大倍数 A_{uC} 也不是零，共模抑制比 K_{CMR} 为有限值，那么共模输入信号将产生一个输出电压，这必然引起运算误差。另外，同相输入必然在集成运算放大器输入端引入共模电压，而集成运算放大器的共模输入电压范围是有限的，所以同相输入时运算放大器输入电压的幅度受到限制。

3. 加法运算电路

加法运算电路根据输入信号是从反相端输入还是从同相端输入，分为反相加法电路与同相加法电路两种，分别如图 4-2-3 和图 4-2-4 所示。

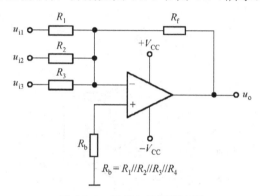

图 4-2-3　反相加法运算电路

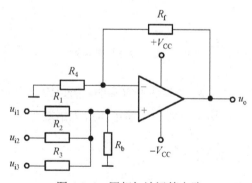

图 4-2-4　同相加法运算电路

在理想条件下，图 4-2-3 所示反相加法电路的输入电压与输出电压的关系为：

$$u_o = -\left(\frac{R_f}{R_1}u_{i1} + \frac{R_f}{R_2}u_{i2} + \frac{R_f}{R_2}u_{i3} \right) = (A_{uF1}u_{i1} + A_{uF2}u_{i1} + A_{uF3}u_{i3})$$

同理，在理想条件下，图 4-2-4 所示同相加法电路的输入电压与输出电压的关系为：

$$u_o = \left(1 + \frac{R_f}{R_4}\right) \cdot R_b \left(\frac{1}{R_1 + R_b} u_{i1} + \frac{1}{R_2 + R_b} u_{i2} + \frac{1}{R_3 + R_b} u_{i3}\right)$$

可知，R_b 与每个回路的电阻有关，因此要满足一定比例系数时，电阻的选配比较困难，调节不大方便。一般都用反相加法运算电路进行设计。

4. 减法运算电路

电路如图 4-2-5 所示，当 $R_1 = R_2$，$R_3 = R_4$ 时，该电路实际上是一个差动放大电路，可根据叠加原理得

$$u_o = -\frac{R_4}{R_1}(u_{i1} - u_{i2})$$

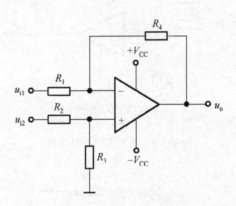

图 4-2-5　减法运算电路

上式是在满足 $R_1 = R_2$、$R_3 = R_4$ 的条件下得到的，所以实验中必须严格地选配电阻 R_1、R_3、R_2、R_4 的值。而这个电路的差模电压放大倍数是：

$$A_{uD} = \frac{u_o}{u_{i1} - u_{i2}} = \frac{R_4}{R_1}$$

当输入共模信号时，有 $u_{i1} = u_{i2}$，所以这个电路的共模电压放大倍数为 0。利用虚短的概念，可以得到这个差动放大器的输入电阻。另外，在实际电路中，要提高电路运算精度，必须选用高 K_{CMR} 的运算放大器。设计过程中的元件参数的选择，可利用上述公式确定。

五、实验内容及步骤

1. 根据已知条件和设计要求，选定设计电路方案。
2. 画出设计原理图，并计算已选定各元器件参数。
3. 在实验电路板上安装所设计的电路，检查实验电路接线无误之后接通电源。
4. 调整元件参数，使其满足设计计算值要求，并将修改后的元件参数值标在设计的电路图上。
5. 按表 4-2-1 所示的输入数据测量输出电压值，并与理论值比较。

表 4-2-1　输出电压测量

输入信号 u_{I1}	−0.5V	−0.3V	0V	0.3V	0.5V	0.7V	1V	1.2V
输入信号 u_{I2}	−0.2V	0V	0.3V	0.2V	0.3V	0.4V	0.5V	0.6V
输入信号 u_{I3}	1.2V	−0.2V	0.5V	0V	0.1V	0V	0.2V	0.3V
实际测量 u_o								
理论计算 u_o								

六、实验报告要求

1. 画出设计方案的原理图。
2. 计算主要元器件参数。
3. 元器件选择。
4. 记录、整理实验数据，画出输入与输出电压的波形，分析结果。
5. 定性分析产生运算误差的原因。
6. 回答思考题。
7. 写出心得体会。

七、思考题

1. 理想运算放大器具有哪些特点？
2. 运算放大器用作模拟运算电路时，"虚短"、"虚断"能永远满足吗？试问：在什么条件下"虚短"、"虚断"将不再存在？

实验三　反馈放大器的设计

一、实验目的

1. 学习多级放大电路的设计方法。
2. 掌握多级放大电路的安装、调试与测量。
3. 研究负反馈对放大电路性能的影响。

二、预习要求

1. 参考教材中有关集成电路负反馈放大电路的工作原理，理解集成负反馈放大电路的基本特点。
2. 掌握集成电路负反馈放大电路的主要性能指标及基本分析方法。
3. 根据设计任务，估算电路闭环时的性能指标，拟订实验方案，准备所需的实验记录表格。

三、设计任务与要求

1. 设计任务

设计一个由运算放大器构成的两级负反馈放大电路。

已知以下条件。

（1）闭环时中频电压放大倍数：$A_{uF} = 1000$。

（2）输入电阻：$R_i = 20\text{k}\Omega$。

（3）负载电阻：$R_L = 2\text{k}\Omega$。

（4）上限频率：$f_H \leqslant 20\text{kHz}$。

（5）下限频率：$f_L \leqslant 10\text{kHz}$。

（6）最大不失真输出电压：$U_{omax} = 5\text{V}$。

2. 设计要求

（1）确定负反馈放大电路的级数。

（2）选择合适的反馈形式。

（3）根据设计要求选择集成运算放大器，计算所用的电阻值、耦合电容值。

（4）测量中频电压放大倍数、下限频率 f_L、上限频率 f_H。

四、设计原理与参考电路

1. 多级负反馈放大电路的组成原则

（1）如果需要组成具有较宽频带的交流放大电路，应选择宽带集成放大器，并使其处于深度负反馈。

（2）若要得到较高增益的宽带交流放大电路，可用两个或两个以上的单级交流放大电路级联组成。

（3）在设计小信号多级宽带交流放大电路时，输入到前级运算放大电路的信号幅值较小，为了减小动态误差，应选择宽带运算放大电路，并使它处于深度负反馈。

（4）加大负反馈深度，降低电压放大倍数，从而达到扩展频带宽度的目的。

（5）由于输入到后级运算放大电路的信号幅度较大，因此，后级运算放大电路在大信号的条件下工作时，影响误差的主要因素是运算放大电路的转换速率，运算放大电路的转换速率越大，误差越小。

设计电路可参考图 4-3-1 所示。

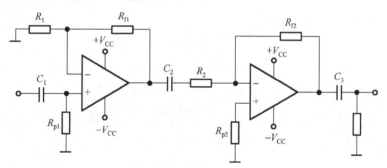

图 4-3-1　两级交流放大电路参考电路

2. 多级放大电路的设计方法

1）确定放大电路的级数 n

根据多级放大电路的电压放大倍数 A_u 和所选用的每级放大电路的放大倍数 A_{ui}，确定多级放大电路的级数 n。一般同相放大电路的电压放大倍数在 $1\sim100$ 之间，反相放大电路的电压放大倍数在 $0.1\sim100$ 之间。因此，此放大电路采用两级就可以满足设计要求。

2）选择电路形式

由于同相放大电路的输入电阻比较高，在不接同相端的平衡电阻时，同相放大电路的输入电阻在 $10\sim100\text{M}\Omega$ 之间，接了同相端的平衡电阻后，输入电阻主要由平衡电阻的值决定。反相放大电路的输入电阻 $R_i = R_1$，R_1 的取值一般在 $1\text{k}\Omega\sim1\text{M}\Omega$ 之间。

3）最大不失真输出电流

可根据交流放大电路所要求的最大不失真输出电压 U_{omax} 计算。对于普通运算放大器，其输出电流一般都在十几毫安左右。

4）选择集成运算放大器

首先初步选择一种类型的运算放大器，然后根据所选运算放大器的单位增益带宽 BW，计算出每级放大器的带宽 f_{Hi}，

$$f_{\text{Hi}} = \frac{BW}{A_{\text{vi}}}$$

可以算出多级放大电路的总带宽

$$f'_{\text{Hi}} = f_{\text{Hi}}\sqrt{2^{\frac{1}{n}}-1}$$

若不能满足技术指标提出的带宽要求，此时可再选择增益带宽积更高的运算放大器。当所选用的运算放大器满足带宽要求后，对末级放大器所选用的运算放大器，其转换速率 S_R 必须满足：

$$S_R \geqslant 2\pi f_{\text{max}} \cdot U_{\text{omax}}$$

否则会使输出波形严重失真。

此设计电路的第一级可选用 μA741，第二级可选用 LF347。

5）选择供电方式

在交流放大器中的运算放大器可以采用单电源供电或正负双电源供电方式。单电源供电与正负双电源供电的区别是：单电源供电的电位参考点为负电源端（此时负电源端接地）；而正负双电源供电的参考电位是总电源的中间值（当正负电源的电压值相等时，参考电位为零）。

6）计算各电阻值

根据性能指标要求，输入电阻 R_i 为已知，因此第一级放大电路的输入电阻既是平衡电阻，也是放大电路的输入电阻。因此取 $R_{P1} = R_i$，由 $R_{P1} = R_{f1}//R_1$ 和 $A_{uF1} = 1+R_{f1}/R_1$ 可得 R_1、R_{f1} 值。对于第二级放大电路，可先确定 R_2，根据 $A_{uF2} = -R_{f2}/R_2$ 求出 R_{f2}。$R_{p2}=R_2//R_{f2}$，$R_{i2} = R_2$。

7）计算耦合电容

交流同相放大器耦合电容：

$$C_1 = \frac{(1-10)}{2\pi f_L R_i}$$

第一级放大器与第二级放大器之间的耦合电容：

$$C_2 = \frac{(1-10)}{2\pi f_L R_{i2}}$$

第二级放大器输出的耦合电容：

$$C_3 = \frac{(1-10)}{2\pi f_L R_L}$$

五、实验内容及步骤

1. 按设计任务与要求设计具体多级负反馈放大电路。
2. 根据已知条件及性能指标要求，计算出有关参数，确定所用的运算放大器、电阻和电容（以上两步要求在实验前完成）。
3. 将设计电路在实验板上进行连接，确定连接无误后接上电源。
4. 调整第一级放大电路。

从第一级放大电路的输入端输入频率为 1kHz，幅度 U_{im} 为 5mV 的交流信号，用示波器在第一级放大电路的输出端测出输出电压的幅值 U_{om1}，根据 U_{im} 和 U_{om1} 算出该级的电压放大倍数 $A_{u\Sigma}$。

5. 调整第二级放大电路。

从第二级放大电路的输入端输入频率为 1kHz，幅度 U_{im} 为 50mV 的交流信号，用示波器在第二级放大器的输出端测出输出电压的幅值 U_{om2}，根据 U_{im} 和 U_{om2} 算出该级的电压放大倍数 A_{VF2}。将输入信号的频率改为 20Hz，输入信号的幅度保持 50mV 不变，测出对应的输出电压，若 $U'_{om2} = 0.707U_{om2}$ 说明已达到指标要求；

若 $U'_{om2} > 0.707U_{om2}$，说明 C_2、C_3 的值取得太小，应加大 C_2 的值，同时观察对应的输出电压，然后再改变 C_3 的值，一直调到为 $U'_{om2} = 0.707U_{om2}$ 止；若 $U'_{om2} < 0.707U_{om2}$，说明 C_2、C_3 的值取得太大，应减小 C_2 的值，同时观察对应的输出电压，然后再改变 C_3 的值，一直调到 $U'_{om2} = 0.707U_{om2}$ 为止。

6. 两级联调。

在以上两级分别调试好的情况下，就可以将两级放大电路连接起来调试。从放大电路的输入端输入频率为 1kHz，幅度 U_{im} 为 5mV 的交流信号，用示波器在放大电路的输出端测出输出电压的幅值 U_{om}，根据 U_{im} 和 U_{om} 算出该级的电压放大倍数，然后将输入信号的频率改为 20Hz，保持输入信号的幅度 5mV 不变，测出对应的输出电压，若 $U'_{om} = 0.707U_{om}$，说明已达到指标要求，若 $U'_{om} > 0.707U_{om}$，可适当加大 C_1 的值，同时观察对应的输出电压，然后再改变 C_2 与 C_3 的值，一直调到为 $U'_{om} = 0.707U_{om}$ 止；若 $U'_{om} < 0.707U_{om}$，可适当减小 C_1 的值，同时观察对应的输出电压，然后再改变 C_2 与 C_3 的值，一直调到 $U'_{om} = 0.707U_{om}$ 为止。

7. 将修改后的元件参数值标在设计的电路图上，并对照计算值与实验值进行比较。

六、实验报告

1. 根据已知条件及性能指标要求，计算电路元件参数。
2. 画出电路图。
3. 列出设计步骤和电路中各参数的计算结果。
4. 详细说明性能指标的测试过程。
5. 整理实验数据，将实验值与理论值比较，分析产生误差的原因。

七、思考题

1. 如何确定放大电路的级数？
2. 如何选择集成运算放大器？
3. 单电源供电与双电源供电有什么区别？
4. 多级放大电路的总带宽必须满足什么条件？
5. 为什么要单独对两级放大电路分别进行调试？

实验四 有源滤波器的设计与调试

一、实验目的

1. 学习有源滤波器的设计方法。
2. 掌握有源滤波器的安装与调试方法。
3. 了解电阻、电容和 Q 值对滤波器性能的影响。

二、预习要求

1. 根据滤波器的技术指标要求，选用滤波器电路，计算电路中各元件的数值。设计出满足技术指标要求的滤波器。
2. 根据设计与计算的结果，写出设计报告。
3. 制订出实验方案，选择实验用的仪器设备。

三、设计任务与要求

有源滤波器的形式有多种，下面只介绍具有巴特沃斯响应的二阶滤波器的设计。

巴特沃斯低通滤波器的幅频特性为：

$$|A_u(j\omega)| = \frac{A_{uo}}{\sqrt{1+\left(\dfrac{\omega}{\omega_c}\right)^{2n}}}, \qquad n = 1,\ 2,\ 3,\ \cdots$$

写成：

$$\left|\frac{A_u(j\omega)}{A_{uo}}\right| = \frac{1}{\sqrt{1+\left(\dfrac{\omega}{\omega_c}\right)^{2n}}}$$

其中 A_{uo} 为通带内的电压放大倍数，ω_c 为截止角频率，n 称为滤波器的阶。从上式中可知，当 $\omega = 0$ 时，上式有最大值 1；$\omega = \omega_c$ 时，上式等于 0.707，即 A_u 衰减了 3dB；n 取得越大，随着 ω 的增加，滤波器的输出电压衰减越快，滤波器的幅频特性越接近于理想特性，如图 4-4-1 所示。

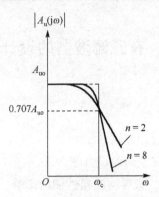

图 4-4-1　低通滤波器的幅频特性曲线

当 $\omega \gg \omega_C$ 时，

$$\left|\frac{A_u(j\omega)}{A_{uo}}\right| = \frac{1}{\left(\dfrac{\omega}{\omega_c}\right)^n}$$

两边取对数，得：

$$20\lg\left|\frac{A_u(j\omega)}{A_{uo}}\right| \approx -20n\lg\frac{\omega}{\omega_c}$$

此时阻带衰减速率为：$-20n$dB/十倍频或$-6n$dB/倍频，该式称为衰减估算式。

表 4-4-1 列出了归一化的，n 为 $1\sim 8$ 阶的巴特沃斯低通滤波器传递函数的分母多项式。

表 4-4-1　归一化的巴特沃斯低通滤波器传递函数的分母多项式

n	归一化的巴特沃斯低通滤波器传递函数的分母多项式
1	$s_L + 1$
2	$s_L^2 + \sqrt{2}s_L + 1$
3	$(s_L^2 + s_L + 1)\cdot(s_L + 1)$
4	$(s_L^2 + 0.76537s_L + 1)\cdot(s_L^2 + 1.84776s_L + 1)$
5	$(s_L^2 + 0.61807s_L + 1)\cdot(s_L^2 + 1.61803s_L + 1)\cdot(s_L + 1)$
6	$(s_L^2 + 0.51764s_L + 1)\cdot(s_L^2 + \sqrt{2}s_L + 1)\cdot(s_L^2 + 1.93185s_L + 1)$
7	$(s_L^2 + 0.44504s_L + 1)\cdot(s_L^2 + 1.24698s_L + 1)\cdot(s_L^2 + 1.80194s_L + 1)\cdot(s_L + 1)$
8	$(s_L^2 + 0.39018s_L + 1)\cdot(s_L^2 + 1.11114s_L + 1)\cdot(s_L^2 + 1.66294s_L + 1)\cdot(s_L^2 + 1.96157s_L + 1)$

在表 4-4-1 的归一化巴特沃斯低通滤波器传递函数的分母多项式中，$S_L=\dfrac{s}{\omega_c}$，ω_c 是低通滤波器的截止频率。

对于一阶低通滤波器，其传递函数：

$$A_u(s) = \frac{A_{uo}\omega_c}{s+\omega_c}$$

归一化的传递函数：

$$A_u(s_L) = \frac{A_{uo}}{s_L+1}$$

对于二阶低通滤波器，其传递函数：

$$A_u(s) = \frac{A_{uo}\omega_c^2}{s^2+\dfrac{\omega_c}{Q}s+\omega_c^2}$$

归一化后的传递函数：

$$A_u(s_L) = \frac{A_{uo}}{s_L^2+\dfrac{1}{Q}s_L+1}$$

由表 4-4-1 可以看出，任何高阶滤波器都可由一阶和二阶滤波器级联而成。对于 n 为偶数的高阶滤波器，可以由 $\dfrac{n}{2}$ 节二阶滤波器级联而成；而 n 为奇数的高阶滤波器可以由 $\dfrac{n-1}{2}$ 节二阶滤波器和一节一阶滤波器级联而成，因此一阶滤波器和二阶滤波器是高阶滤波器的基础。

有源滤波器的设计，就是根据所给定的指标要求，确定滤波器的阶数 n，选择具体的电路形式，算出电路中各元件的具体数值，安装电路和调试，使设计的滤波器满足指标要求，具体步骤如下：

（1）根据阻带衰减速率要求，确定滤波器的阶数 n。

（2）选择具体的电路形式。

（3）根据电路的传递函数和表 4-4-1 归一化滤波器传递函数的分母多项式，建立起系数的方程组。

（4）解方程组求出电路中元件的具体数值。

（5）安装电路并进行调试，使电路的性能满足指标要求。

四、实验内容

1. 按以下指标要求设计滤波器，计算出电路中元件的值。

（1）设计一个低通滤波器，指标要求如下。

截止频率：$f_c = 1\text{kHz}$

通带电压放大倍数：$A_{uo} = 1$

在 $f = 10f_c$ 时，要求幅度衰减大于 35dB。

（2）设计一个高通滤波器，指标要求如下。

截止频率：$f_c = 500\text{Hz}$，

通带电压放大倍数：$A_{uo} = 5$

在 $f = 0.1f_c$ 时，幅度至少衰减 30dB。

（3）（选作）设计一个带通滤波器，指标要求如下。

通带中心频率：$f_0 = 1\text{kHz}$

通带电压放大倍数：$A_{uo} = 2$

通带带宽：$\Delta f = 100\text{Hz}$。

2. 将设计好的电路，在计算机上进行仿真。

3. 按照所设计的电路，将元件安装在实验板上。

4. 对安装好的电路按以下方法进行调整和测试。

（1）仔细检查安装好的电路，确定元件与导线连接无误后，接通电源。

（2）在电路的输入端加入 $U_i = 1\text{V}$ 的正弦信号，慢慢改变输入信号的频率（注意保持 U_i 的值不变），用晶体管毫伏表观察输出电压的变化，在滤波器的截止频率附近，观察电路是否具有滤波特性，若没有滤波特性，应检查电路，找出故障原因并排除之。

（3）若电路具有滤波特性，可进一步进行调试。对于低通和高通滤波器应观测其截止频率是否满足设计要求，若不满足设计要求，应根据有关的公式，确定应调整哪一个元件才能使截止频率既能达到设计要求又不会对其他的指标参数产生影响。然后观测电压放大倍数是否满足设计要求，若达不到要求，应根据相关的公式调整有关的元件，使其达到设计要求。

（4）当各项指标都满足技术要求后，保持 $U_i = 2\text{V}$ 不变，改变输入信号的频率，分别测量滤波器的输出电压，根据测量结果画出幅频特性曲线，并将测量的截止频率 f_c、通带电压放大倍数 A_{uo} 与设计值进行比较。

五、实验报告要求

1. 根据给定的指标要求，计算元件参数，列出计算机仿真的结果。
2. 绘出设计的电路图，并标明元件的数值。
3. 实验数据处理，做出 $A_u \sim f$ 曲线图。
4. 对实验结果进行分析，并将测量结果与计算机仿真的结果相比较。

实验五　直流稳压电源的设计与调试

一、实验目的

1. 通过实验进一步掌握整流与稳压电路的工作原理。
2. 学会电源电路的设计与调试方法。
3. 熟悉集成稳压器的特点，学会合理选择使用。

二、预习要求

1. 复习稳压电源工作原理。
2. 按设计任务与要求设计出电路图。

三、设计任务与要求

1. 设计任务

（1）设计一个直流稳压电源。具体技术指标如下。

① 输出直流电压：+9V。

② 最大输出电流：I_{omax} =500mA。

③ 纹波电压≤5mV。

（2）扩大输出电压调节范围为+9～+12V，提高最大输出电流值，要求在实验仪上完成。

2. 设计要求

（1）根据设计任务和已知条件，确定电路方案，计算并选取放大电路的各元器件参数。

（2）制订出实验方案，选择实验用的仪器、仪表。

（3）测量出各项技术指标。

四、设计原理与参考电路

集成稳压器在各种电子设备中应用十分普遍，它的种类很多，应根据设备对直流电源的要求来进行选择。对于大多数电子仪器、设备和电子电路来说，三端式稳压器应用非常广泛，它仅有三个引出端：输入端、输出端和公共端。目前常用的有最大输出电流 $I_{o\,max}$=100mA 的 W78L××(W79L××)系列，$I_{o\,max}$ = 500mA 的 W78M××(W79M××)系列和 $I_{o\,max}$=1.5A 的 W78××(W79××)系列。型号中 78 表示输出为正电压，79 表示输出为负电压，型号中最后两位数表示输出电压值。W78×× 系列外形及电路符号如图 4-5-1 所示。

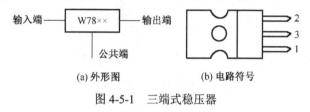

(a) 外形图   (b) 电路符号

图 4-5-1　三端式稳压器

1. 固定输出电压的稳压电路

图 4-5-2 所示电路是固定输出电压的稳压电路，其输出电压 U_o，即为三端式稳压器标称的输出电压参数。图中电容 C_1 可以进一步减小输入电压的纹波，并能消除自激振荡。电容 C_2 可以消除输出高频噪声。在选择三端稳压器时，首先应根据所设计的输出电流选择稳压器系列。例如，输出电流小于 100mA 时可选用 W78L××系列；输出电流小于 500mA 时可选用 W78M××系列；输出电流小于 1.5A 时可选用 W78××系列。然后根据输出电压要求选择合适型号的三端稳压器。例如，稳压电源设计要求为+12V、1.2A，可选用 W7812 三端稳压器。

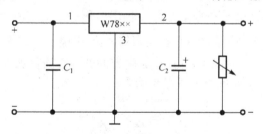

图 4-5-2　固定输出电压的稳压电路

2. 输出电压可调的稳压电路

若希望输出电压可调时，可接成图 4-5-3 所示电路。R_1、R_2 和 R_3 为取样电路，集成运算放大器接成电压跟随器。运算放大器输入电压就是与稳压器标称电压之差。该稳压电路的电压调节范围：

$$U_{o\,max} = \frac{R_1 + R_2 + R_3}{R_1}U'_o , \qquad U_{o\,min} = \frac{R_1 + R_2 + R_3}{R_1 + R_2}U'_o$$

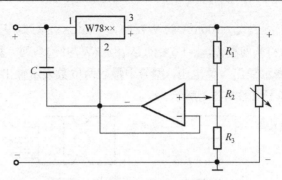

图 4-5-3　输出电压可调的稳压电路

3. 确定稳压电路输入电压 U_i

为保证稳压器在低电压输入时仍处于稳压状态，要求。

$$U_i \geqslant U_{o\,max} + (U_i - U_o)_{min}$$

式中，$(U_i - U_o)_{min}$ 为稳压器的最小输入/输出电压差，典型值为 3V。考虑到输入 220V 交流电压的正常波动 ±10%，则 U_i 的最小值为：

$$U_i \approx (U_{o\,max} + (U_i - U_o)) / 0.9$$

另一方面，为保证稳压器安全工作，要求：

$$U_i \leqslant U_{o\,min} + (U_i - U_o)_{max}$$

式中，$(U_i - U_o)_{max}$ 为稳压器的最大输入/输出电压差，典型值为 35V。

但在实际应用时，应考虑防止稳压器输入/输出电压差过大而损坏稳压器。而稳压电路输入电压 U_i 可由单相桥式整流电容滤波电路获得如图 4-5-4 所示，且有 $U_i = (1.1 \sim 1.4)U_2$，从而确定变压器负边电压。

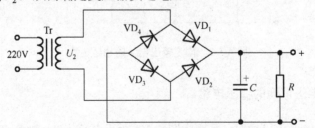

图 4-5-4　单相桥式整流电容滤波电路

4. 纹波电压的测量

纹波电压是指输出电压交流分量的有效值，一般为毫伏数量级。测量时，保持输出电压和输出电流为额定值，用交流电压表直接测量即可。

五、实验内容与步骤

1. 按基本设计要求设计电路及参数，按相应的电路图组装电路。
2. 电路使输出直流电压为+9V，测量纹波电压，负载电流。
3. 扩展设计任务与要求设计出具体的电路图，并标注元器件参数值。在实验仪上完成实验，调整电路使输出直流电压在+9～+12V 范围内连续可调，选择其中 5 个测试点进行测量，测量纹波电压、负载电流，并记录。

六、实验报告要求

1. 写出设计原理及步骤，画出电路图，标明参数值。
2. 分析、整理实验数据。
3. 分析实验现象及可能采取的措施。

七、思考题

1. 如何测量稳压电源的输出电阻？
2. 实验中使用稳压器应注意什么？

第五章 综合性实验

实验一 函数发生器

一、实验目的

1. 要求掌握方波-三角波-正弦波函数发生器的设计方法与调试技术。
2. 学会安装与调试由多级单元电路组成的电子线路。
3. 学会使用集成函数发生器。

二、实验任务与要求

设计题目：方波-三角波-正弦波发生器。

1. 主要技术指标

（1）频率范围：10～100Hz，100Hz～1kHz，1～10kHz。

（2）频率控制方式：通过改变 RC 时间常数手控信号频率；通过改变控制电压 U_C 实现压控频率（VCF）。

（3）输出电压：正弦波 $U_{PP} \approx 3V$ 幅度连续可调；

                    三角波 $U_{PP} \approx 5V$ 幅度连续可调；

                    方波 $U_{PP} \approx 14V$ 幅度连续可调。

（4）波形特性：方波上升时间小于 $2\mu s$；

                    三角波非线性失真小于 1%；

                    正弦波谐波失真小于 3%。

（5）扩展部分：自拟。可涉及下列功能：功率输出；矩形波占空比 50%；95% 可调；锯齿波斜率连续可调；能输出扫频波。

2. 设计要求

1）函数发生器的组成

函数发生器一般是指能自动产生正弦波、三角波(锯齿波)、方波(矩形波)、阶梯波等电压波形的电路或仪器。电路形式可以采用由运放及分立元件构成；也可以采用单片集成函数发生器。根据用途不同，有产生三种或多种波形的函数发生器，本课题介绍方波-三角波-正弦波函数发生器的设计方法。

产生方波、三角波和正弦波的方案有多种，如首先产生正弦波，然后通过比较器电路变换成方波，再通过积分电路变换成三角波；也可以首先产生方波、三角波，然后再将三角波变成正弦波或将方波变成正弦波；或采用一片能同时产生上述三种波形的专用集成电路芯片（5G8038）。本课题仅介绍先产生方波、三角波，再讲三角波变换成正弦波的电路设计方法及集成函数发生器的典型电路。

2）函数发生器的主要性能指标

（1）输出波形：方波、三角波、正弦波等。

（2）频率范围：输出频率范围一般可分为若干波段。

（3）输出电压：输出电压一般指输出波形的峰峰值。

（4）波形特性：正弦波，谐波失真度，一般要求小于 3%；三角波，非线性失真度，一般要小于 2%；方波，上升沿和下降沿时间，一般要小于 $2\mu s$。

三、实验原理与参考电路

1. 三角波变换成正弦波

由运算放大器电路及分立元件构成，方波-三角波-正弦波函数发生器电路组成框图如图 5-1-1 所示，这里只介绍将三角波变换成正弦波的电路，常见电路如下。

（1）用差分放大电路实现三角波-正弦波的变换。波形变换的原理是利用差分放大器的传输特性曲线的非线性，波形变换过程如图 5-1-2 所示。由图可见，传输特性曲线越对称，线性区越窄越好；三角波的幅度应正好使晶体接近饱和区或截止区。

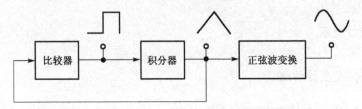

图 5-1-1　方波-三角波-正弦波函数发生器电路组成框图

图 5-1-3 为实现三角波-正弦波变换的电路，其中 R_{P1} 调节三角波的幅度，R_{P2} 对称性，其并联电阻 R_{e2} 用来减小差分放大器的线性区，电容 C_1、C_2、C_3 为隔直电容，C_4 为滤波电容，以滤除谐波分量，改善输出波形。

（2）用二极管折线近似电路实现三角波-正弦波的变换。最简单的折线近似电路如图 5-1-4 所示。

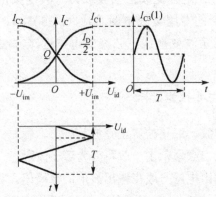

图 5-1-2　三角波-正弦波的波形变换

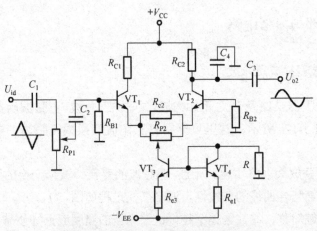

图 5-1-3　三角波-正弦波变换的实现电路

当电压 $U_i(R_{A0}/(R_{A0}+R_s))$ 小于 U_1+U_D 时，二极管 VD$_1$、VD$_2$、VD$_3$ 截止；当电压 $U_i(R_{A0}/(R_{A0}+R_s))$ 大于 U_1+U_D 且小于 U_2+U_D 时，则 VD$_1$ 导通；同理可得 VD$_1$、VD$_2$、VD$_3$ 的导通条件。不难得出图 5-1-4 的输入、输出特性曲线如图 5-1-5 所示。选择合适的电阻网络，可使三角波转换为正弦波。一个实用的折线逼近正弦波转换电路如图 5-1-6 所示。其计算图如图 5-1-7 所示，该图是以正弦波角频率 0° 为 0V，90° 为峰值画出的三角波，0°～30° 处，三角波和正弦波因为有着相同的电平值而重合，其余部分是，选择转折点为 P，画出用折线逼近正弦波的直线段，由两者的斜率比定出电阻网络的分压比。每个转折点对应着一个二极管，而且所提供给各二极管负端的电位值应该是适当的。

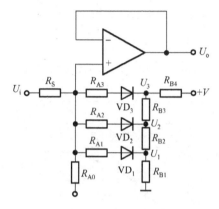

图 5-1-4　折线近似电路

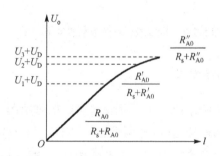

图 5-1-5　折线近似电路输入、输出特性曲线

2. 单片集成函数发生器 5G8038

专用集成电路芯片 5G8038 是能同时产生正弦波、三角波和方波的函数发生器。

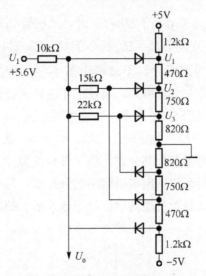

图 5-1-6　折线逼近正弦波转换电路

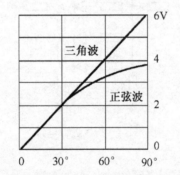

图 5-1-7　折线逼近正弦波转换电路计算图

1）5G8038 基本工作原理

5G8038 的引脚排列如图 5-1-8 所示。它的结构可用图 5-1-9 来表示。通常它由两个比较器组成一个参考电压，分别设置在 $2/3V_{CC}$ 和 $1/3V_{CC}$ 上的窗口比较器。而这个窗口比较器的输出分别控制一个后随的 R-S 触发器的置位与复位端。外接定时电容 C_r 的充放电回路由内部设置的上、下两个电流源 CS_1 和 CS_2 担任，而充电与放电的转换，则由 RS 触发器的输出通过电子模拟开关的通或断来进行控制。另外，在定时电容 C_r 上形成的线性三角波经阻抗转换器（缓冲器）输出，产生三角波。为得到在比较宽的频率范围内由三角波到正弦波的转换，内设一个由电阻与晶体管组成的折射线近似转换网络（正弦波变换器），以得到低失真的正弦信号输出。

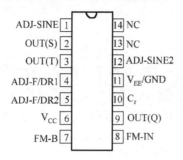

图 5-1-8 5G8038 的引脚排列

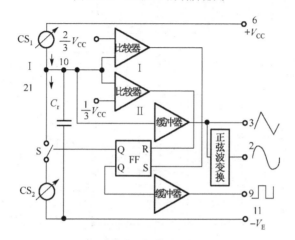

图 5-1-9 5G8038 的结构

定时电容 C_r 上的三角波经三角波-正弦波转换后，就可输出频率与方法（或三角波）一致的正弦波信号。当充放电流相等时，输出为一个对称的三角波。除此之外，函数发生器的内部两个电流源 CS_1 和 CS_2 还可通过外部电路调节电流值的比，以便获得输出占空比不为 50%，而是从 1%～99% 可变的矩形波和锯齿波，这样可适应各种不同的应用需要。但此时正弦波要严重失真。

2）5G8038 主要技术指标

（1）频率温度漂移：≤50ppm/℃。

（2）输出波形：同时输出正弦波、三角波和方法。

（3）工作频率范围：0.001～300kHz。

（4）输出正弦波失真：≤1%；三角波输出线性度可优于 0.1%。

（5）矩形波输出占空系数：在 1%～99% 范围内调节。

（6）输出矩形波电平：4.2～28V。

（7）电源电压：单电源：+10～+30V；双电源：±5～±15V。

3）典型应用

5G8038 的典型应用如图 5-1-10 所示。图中，输出频率由 8 脚电位和定时电容 C_2 决定。改变 R_{P2} 的中心抽头位置，则方波的占空比、锯齿波的上升和下降时间比改变。R_{P3}、R_{P4} 与 R_6、R_7 支路可调节正弦波的失真度。

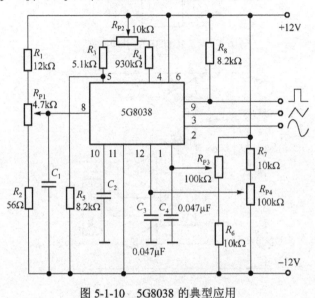

图 5-1-10　5G8038 的典型应用

四、实验内容

1. 由运算放大器电路及分立元件构成方波-三角波-正弦波函数发生器

（1）用差分放大实现三角波-正弦波的变换电路如图 5-1-11 所示。

指标要求：频率范围 1～10Hz；10～100Hz

输出电压：方波 $U_{PP} \leqslant 24V$；三角波 $U_{PP} = 8V$；正弦波 $U_{PP} > 1V$。

波形特性：方法上升时间小于 100 μs；三角波非线性失真小于 2%；正弦波谐波失真小于 5%。

三角波-正弦波变换电路的参数选择原则是：隔直电容 C_3、C_4、C_5 的容量要取得较大，因为输出频率很低，一般取值为 470 μF，滤波电容 C_6 视输出的波形而定，若含高次谐波成分较多，C_6 可取得较小，一般为几十皮法至几百皮法。R_{E2} 与 R_{P4} 相关联，以减小差分放大器的线性区。差分放大器的静态工作点可通过观测传输特性曲线，调整 R_{E4} 及电阻 R 确定。

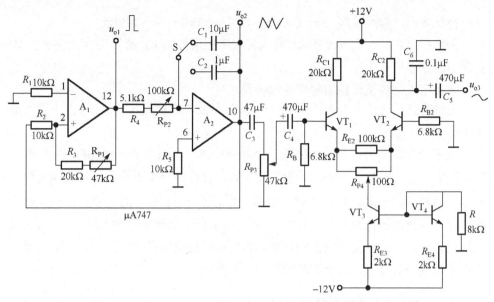

图 5-1-11　差分放大实现三角波-正弦波的变换

（2）用二极管折线近似电路实现三角波-正弦波的变换电路如图 5-1-12 所示。

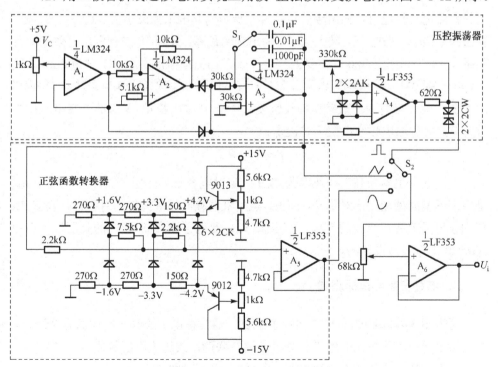

图 5-1-12　用二极管折线近似电路实现三角波-正弦波的变换电路

指标要求：频率范围 10～100Hz、100Hz～1kHz，1～10kHz；

频率控制方式：通过改变 RC 时间常数手控信号频率；通过改变控制电压 V_C 实现压控频率（VCF）；

输出电压：各波形输出幅度连续可调.

波形特性：方波上升时间小于 $2\mu F$；三角波非线性失真小于 1%；正弦波谐波失真小于 3%。

频率调节部分设计时，可先按三个频段给定三个电容值：100pF、$0.01\mu F$、$0.1\mu F$ 然后再计算 R 的大小。手控制与压控部分线路要求更换方便。为满足对方波前后沿时间的要求，以及正弦波最高工作频率（10kHz）的要求，在积分器、比较器、正弦波转换器和输出级中应选用 S_R 值较大的运放（如 LF353）。为保证正弦波有较小的失真度，应正确计算二极管网络的电阻参数，并注意调节输出三角波的幅度和对称度，输出波形中不能含有直流成分。

2. 单片集成函数发生器 5G8038

图 5-1-13 是由 μA741 和 5G8038 组成的精密压控振荡器，当 8 脚与一连续可调的直流电压相连时，输出频率也连续可调。当此电压为最小值（近似为 0）时，输出频率最低，当电压为最大值时，输出频率最高；5G8038 控制电压有效作用范围是 0～3V。由于 5G8038 本身的线性度仅在扫描频率范围 10：1 时为 0.2%，更大范围（如 100：1）时线性度随之变坏，所以控制电压经 μA741 后再送入 5G8038 的 8 脚，这样会有效地改善压控线性度（优于 1%）。若 4、5 脚的外接电阻相等且为 R，此时输出频率可由下式决定：

$$f = 0.3 / RC_4$$

设函数发生器最高工作频率为 2kHz，定时电容 C_4 可由上式求得。电路中 R_{P3} 是用来调整高频端波形对称性，而 R_{P2} 是用来调整低频端波形的对称性，调整 R_{P3} 和 R_{P2} 可以改善正弦波的失真。稳压管 VD_Z 是为了避免 8 脚上的负压过大而使 5G8038 工作失常设置的。

3. 电路安装与指标测试

对于图 5-1-11 和图 5-1-12 电路的调试，通常按电子线路一般调试方法进行，即按照单元电路的先后顺序进行分级装调与联调，故这里不再赘述。

下面介绍集成函数发生器 5G8038 的一般调试方法。

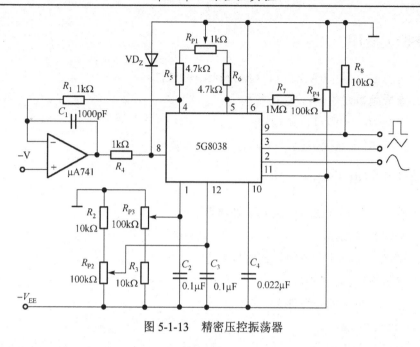

图 5-1-13 精密压控振荡器

按图 5-1-10 接线,检查无误后通电观察有无方波、三角波输出,若有,则进行以下调试。

1)频率的调节

定时电容 C_2 不变(可按要求分数挡),改变 R_{P1} 中心滑动端位置(第 8 脚电压改变),输出波形的频率应发生改变,然后分别接入各挡定时电容,测量输出频率变化范围是否满足要求,若不满足,改变有关元件参数(R_1、R_2 及 R_{P1})。

2)占空比(矩形波)或斜率(锯齿波)的调节

R_{P1} 中心滑头位置不变,改变 R_{P2} 中心滑头位置,输出波形的占空比(矩形波)或斜率(锯齿波)将发生变化,若不变化,查 R_3、R_4、R_{P2} 回路。

3)正弦波失真度的调节

因为正弦波是由三角波变换而得,故首先应调 R_{P2} 使输出的锯齿波为正三角波(上升、下降时间相等),然后调 R_{P3}、R_{P4} 观察正弦波输出的顶部和底部失真程度,使之波形的正、负峰值(绝对值)相等且平滑接近正弦波。最后用失真度仪测量其失真度,再进行细调,直至满足失真度指标要求。

五、实验元器件

1. 运算放大器：μA741×1、LM324×3、LF353×3。

2. 集成函数发生器：5G803×1。

3. 三极管：9013×1、9012×1。

4. 1/4W 时金属膜电阻、可调电阻、电容若干。

六、设计实验报告要求

1. 画出设计原理图，列出元器件清单。

2. 整理实验数据。

3. 调试中出现什么故障？如何排除？

4. 分析整体测试结果。

5. 写出本实验的心得体会。

6. 回答思考题。

七、思考题

1. 就你所知，产生正弦波有几种方法，并说明各种方法的简单原理。

2. 就你所知，产生方波有几种方法，试说明其原理，并比较它们的优缺点。

实验二　万用电表的设计与调试

一、实验目的

1. 掌握用运算放大器设计万用电表的方法。
2. 学会安装与调试由多级单元电路组成的电子线路。

二、实验任务与要求

设计以下课题：用运算放大器设计万用电表。
1. 直流电压表：满量程+6V。
2. 直流电流表：满量程 10mA。
3. 交流电压表：满量程 6V，50Hz～1kHz。
4. 交流电流表：满量程 10mA
5. 欧姆表：满量程分别为 1kΩ、10kΩ、100kΩ。

三、实验原理与参考电路

在测量中，电表的接入应不影响被测电路的原工作状态，这就要求电压表应具有无穷大的输入电阻，电流表的内阻应为零。但实际上，万用电表表头的可动线圈总有一定的电阻，例如 100μA 的表头，其内阻约为 1kΩ，用它进行测量时将影响被测量，引起误差。此外，交流电表中的整流二极管的压降和非线性特性也会产生误差。如果在万用电表中使用运算放大器，就能大大降低这些误差，提高测量精度。在欧姆表中采用运算放大器，不仅能得到线性刻度，还能实现自动调零。

1. 直流电压表

图 5-2-1 为同相端输入、高精度直流电压表的原理图。

为了减小表头参数对测量精度的影响，将表头置于运算放大器的反馈回路中，这时，流经表头的电流与表头的参数无关，只要改变 R_1 一个电阻，就可进行量程的切换。

表头电流 I 与被测电压 U_i 的关系为：

$$I = \frac{U_i}{R_1}$$

应当指出：图 5-2-1 适用于测量电路与运算放大器共地的有关电路。此外，当被测电压较高时，在运放的输入端应设置衰减器。

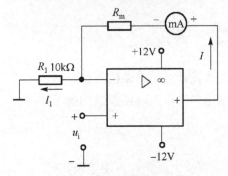

图 5-2-1　直流电压表原理图

2．直流电流表

图 5-2-2 是浮地直流电流表的电原理图。在电流测量中，浮地电流的测量是普遍存在的。例如，若被测电流无接地点，就属于这种情况。为此，应把运算放大器的电源也对地浮动，按此种方式构成的电流表就可像常规电流表那样，串联在任何电流通路中测量电流。

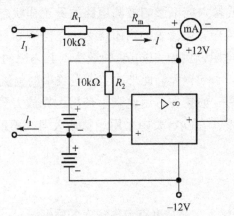

图 5-2-2　直流电流表原理图

表头电流 I 与被测电流 I_1 之间关系为：

$$-I_1 R_1 = (I_1 - I)R_2$$

$$\therefore I = \left(1 + \frac{R_1}{R_2}\right)I_1$$

可见，改变电阻比（R_1/R_2），可调节流过电流表的电流，以提高灵敏度。如果被测电流较大时，应给电流表表头并联分流电阻。

3．交流电压表

由运算放大器、二极管整流桥和直流毫安表组成的交流电压表如图 5-2-3 所示。被测交流电压 u_i 加到运算放大器的同相端，故有很高的输入阻抗，又因为负反馈能减小反馈回路中的非线性影响，故把二极管桥路和表头置于运算放大器的反馈回路中，以减小二极管本身非线性的影响。

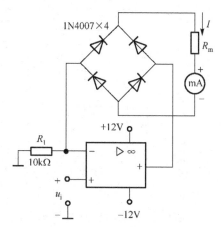

图 5-2-3　交流电压表原理图

表头电流 I 与被测电压 U_i 的关系为：

$$I = \frac{U_i}{R_1}$$

电流 I 全部流过桥路，其值仅与 U_i/R_1 有关，与桥路和表头参数（如二极管的死区等非线性参数）无关。表头中电流与被测电压 u_i 的全波整流平均值成正比，若 u_i 为正弦波，则表头可按有效值来刻度。被测电压的上限频率决定于运算放大器的频带和上升速率。

4．交流电流表

图 5-2-4 为浮地交流电流表原理图，表头读数由被测交流电流 i 的全波整流平均值 I_{1AV} 决定，即 $I = \left(1 + \dfrac{R_1}{R_2}\right)I_{1AV}$

如果被测电流 i 为正弦电流，即：

$$i_1 = \sqrt{2}I_1\sin\omega t$$

则上式可写为：

$$I = 0.9\left(1 + \frac{R_1}{R_2}\right)I_1$$

则表头可按有效值来刻度。

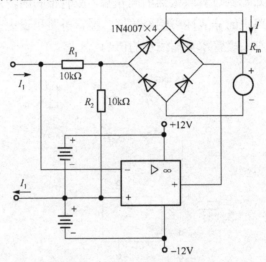

图 5-2-4　交流电流表原理图

5．欧姆表

图 5-2-5 为多量程的欧姆表原理图。

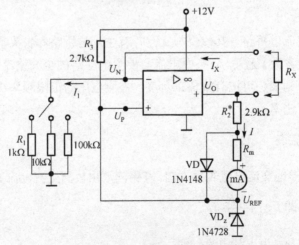

图 5-2-5　欧姆表原理图

在此电路中，运算放大器由单电源供电，被测电阻 R_X 跨接在运算放大器的反馈回路中，同相端加基准电压 U_{REF}。

$$\because \quad U_P = U_N = U_{REF}$$

$$I_1 = I_X$$

$$\frac{U_{REF}}{R_1} = \frac{U_O - U_{REF}}{R_X}$$

即

$$R_X = \frac{R_1}{U_{REF}}(U_O - U_{REF})$$

流经表头的电流

$$I = \frac{U_O - U_{REF}}{R_2 + R_m}$$

由上两式消去 $(U_O - U_{REF})$

可得

$$I = \frac{U_{REF} R_X}{R_1(R_m + R_2)}$$

可见，电流 I 与被测电阻成正比，而且表头具有线性刻度，改变 R_1 值，可改变欧姆表的量程。这种欧姆表能自动调零，当 $R_X = 0$ 时，电路变成电压跟随器，$U_O = U_{REF}$，故表头电流为零，从而实现了自动调零。

二极管 VD 起保护电表的作用，如果没有 VD，当 R_X 超量程时，特别是当 $R_X \to \infty$，运算放大器的输出电压将接近电源电压，使表头过载。有了 VD 就可使输出钳位，防止表头过载。调整 R_2，可实现满量程调节。

四、实验内容

1. 万用电表的电路是多种多样的，用上述参考电路设计一只较完整的万用电表。

2. 万用电表作电压、电流或欧姆测量时，和进行量程切换时应用开关切换，但实验时可用引接线切换。

五、实验元器件

1. 表头：灵敏度为 1mA，内阻为 100Ω。

2. 运算放大器：μA741。

3. 电阻器：均采用 $\frac{1}{4}$ W 的金属膜电阻器。

4. 二极管：1N4007×4、1N4148。

5．稳压管：1N4728。

六、实验报告要求

1．画出完整的万用电表的设计电路原理图。

2．将万用电表与标准表作测试比较，计算万用电表各功能挡的相对误差，分析误差原因。

3．电路改进建议。

4．收获与体会。

七、思考题

在连接电源时，正、负电源连接点上各接大容量的滤波电容器和 $0.01 \sim 0.1 \mu F$ 的小电容器起到什么作用？

实验三　温度监测及控制电路

一、实验目的

1．学习由双臂电桥和差动输入集成运放组成的桥式放大电路。

2．掌握滞回比较器的性能和调试方法。

3．学会系统测量和调试。

二、实验原理与参考电路

实验电路如图 5-3-1 所示，NTC 热敏电阻器是由负温度系数电阻特性的热敏电阻组成的。R_t 为一臂组成测温电桥，其输出经测量放大器放大后由滞回比较器输出"加热"与"停止"信号，经三极管放大后控制加热器"加热"与"停止"。改变滞回比较器的比较电压 U_R，即改变控温的范围，而控温的精度则由滞回比较器的滞回宽度确定。

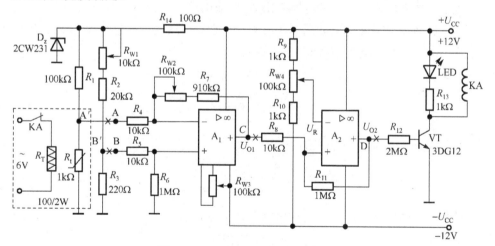

图 5-3-1　温度监测及控制实验电路

1）测温电桥

由 R_1、R_2、R_3、R_{W1} 及 R_t 组成测温电桥，其中 R_t 是温度传感器。其呈现出的阻值与温度成线性变化关系且具有负温度系数，而温度系数又与流过它的工作电流有关。为了稳定 R_t 的工作电流，达到稳定其温度系数的目的，设置了稳压管 D_z。R_{W1} 可决定测温电桥的平衡。

2）差动放大电路

由 A_1 及外围电路组成的差动放大电路，将测温电桥输出电压 ΔU 按比例放大。其输出电压

$$U_{O1} = -\left(\frac{R_7 + R_{W2}}{R_4}\right)U_A + \left(\frac{R_4 + R_7 + R_{W2}}{R_4}\right)\left(\frac{R_6}{R_5 + R_6}\right)U_B$$

当 $R_4 = R_5$，$(R_7 + R_{W2}) = R_6$ 时，则：

$$U_{O1} = \frac{R_7 + R_{W2}}{R_4}(U_B - U_A)$$

R_{W3} 用于差动放大器调零。

可见差动放大电路的输出电压 U_{O1} 仅取决于两个输入电压之差和外部电阻的比值。

3）滞回比较器

差动放大器的输出电压 U_{O1} 输入由 A_2 组成的滞回比较器。

滞回比较器的单元电路如图 5-3-2 所示，设比较器输出高电平为 U_{OH}，输出低电平为 U_{OL}，参考电压 U_R 加在反相输入端。

当输出为高电平 U_{OH} 时，运放同相输入端电位：

$$u_{+H} = \frac{R_F}{R_2 + R_F}u_i + \frac{R_2}{R_2 + R_F}U_{OH}$$

当 u_i 减小到使 $u_{+H} = U_R$，即

$$u_i = u_{TL} = \frac{R_2 + R_F}{R_F}U_R - \frac{R_2}{R_F}U_{OH}$$

此后，u_i 稍有减小，输出就从高电平跳变为低电平。

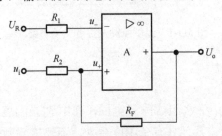

图 5-3-2　同相滞回比较器

当输出为低电平 U_{OL} 时，运放同相输入端电位：

$$u_{+\mathrm{L}} = \frac{R_{\mathrm{F}}}{R_2 + R_{\mathrm{F}}} u_{\mathrm{i}} + \frac{R_2}{R_2 + R_{\mathrm{F}}} U_{\mathrm{OL}}$$

当 u_{i} 增大到使 $u_{+\mathrm{L}} = U_{\mathrm{R}}$，即：

$$u_{\mathrm{i}} = U_{\mathrm{TH}} = \frac{R_2 + R_{\mathrm{F}}}{R_{\mathrm{F}}} U_{\mathrm{R}} - \frac{R_2}{R_{\mathrm{F}}} U_{\mathrm{OL}}$$

此后，u_{i} 稍有增加，输出又从低电平跳变为高电平。

因此，U_{TL} 和 U_{TH} 为输出电平跳变时对应的输入电平，常称 U_{TL} 为下门限电平，U_{TH} 为上门限电平，而两者的差值

$$\Delta U_{\mathrm{T}} = U_{\mathrm{TR}} - U_{\mathrm{TL}} = \frac{R_2}{R_{\mathrm{F}}} (U_{\mathrm{OH}} - U_{\mathrm{OL}})$$

称为门限宽度，它们的大小可通过调节 R_2/R_{F} 的比值来调节。

图 5-3-3 为滞回比较器的电压传输特性。

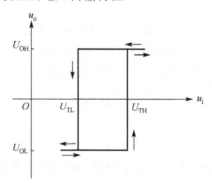

图 5-3-3　电压传输特性

由上述分析可见差动放大器输出电压 U_{o1} 经分压后，与 A_2 组成的滞回比较器，与反相输入端的参考电压 U_{R} 相比较。当同相输入端的电压信号大于反相输入端的电压时，A_2 输出正饱和电压，三极管 VT 饱和导通。通过发光二极管 LED 的发光情况，可见负载的工作状态为加热。反之，为同相输入信号小于反相输入端电压时，A_2 输出负饱和电压，三极管 VT 截止，LED 熄灭，负载的工作状态为停止。调节 R_{W4} 可改变参考电平，也同时调节了上下门限电平，从而达到设定温度的目的。

三、实验内容

按图 5-3-2 连接实验电路，各级之间暂不连通，形成各级单元电路，以便各单元分别进行调试。

1. 差动放大器

差动放大电路如图 5-3-4 所示。它可实现差动比例运算。

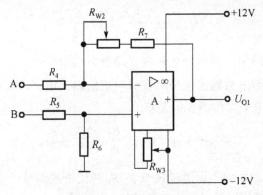

图 5-3-4　差动放大电路

（1）运放调零。将 A、B 两端对地短路，调节 R_{W3} 使 $u_o = 0$。

（2）去掉 A、B 端对地短路线。从 A、B 端分别加入不同的两个直流电平。当电路中 $R_7 + R_{W2} = R_6$、$R_4 = R_5$ 时，其输出电压

$$u_o = \frac{R_7 + R_{W2}}{R_4}(U_B - U_A)$$

在测试时，要注意加入的输入电压不能太大，以免放大器输出进入饱和区。

（3）将 B 点对地短路，把频率为 100Hz、有效值为 10mV 的正弦波加入 A 点。用示波器观察输出波形。在输出波形不失真的情况下，用交流毫伏表测出 u_i 和 u_o 的电压。算得此差动放大电路的电压放大倍数 A。

2. 桥式测温放大电路

将差动放大电路的 A、B 端与测温电桥的 A′、B′ 端相连，构成一个桥式测温放大电路。

（1）在室温下使电桥平衡。在实验室室温条件下，调节 R_{W1}，使差动放大器输出 $U_{O1} = 0$（注意：前面实验中调好的 R_{W3} 不能再动）。

（2）温度系数 K（V/C）。由于测温需升温槽，为使实验简易，可虚设室温 T 及输出电压 U_{O1}，温度系数 K 也定为一个常数，具体参数请自行填入表 5-3-1 内。

表 5-3-1　不同温度输出电压测量

温度 T（℃）	室温（℃）				
输出电压 U_{O1}（V）	0				

从表 5-3-1 中可得到 $K = \Delta U / \Delta T$。

（3）桥式测温放大器的温度-电压关系曲线

根据前面测温放大器的温度系数 K，可画出测温放大器的温度－电压关系曲线，实验时要标注相关的温度和电压的值，如图 5-3-5 所示。从图中可求得在其他温度时，放大器实际应输出的电压值。也可得到在当前室温时，U_{O1} 实际对应值 U_S。

（4）重调 R_{W1}，使测温放大器在当前室温下输出 U_S。即调 R_{W1}，使 $U_{O1} = U_S$。

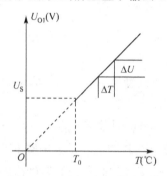

图 5-3-5　温度-电压关系曲线

3. 滞回比较器

滞回比较器电路如图 5-3-6 所示。

（1）直流法测试比较器的上、下门限电平。首先确定参考电平 U_R 值。调 R_{W4}，使 $U_R = 2V$。然后将可变的直流电压 U_i 加入比较器的输入端。比较器的输出电压 U_O 送入示波器 Y 输入端（将示波器的"输入耦合方式开关"置于"DC"，X 轴"扫描触发方式开关"置于"自动"）。改变直流输入电压 U_i 的大小，从示波器屏幕上观察到当 u_o 跳变时所对应的 U_i 值，即为上、下门限电平。

（2）交流法测试电压传输特性曲线。将频率为 100Hz、幅度 3V 的正弦信号加入比较器输入端，同时送入示波器的 X 轴输入端，作为 X 轴扫描信号。比较器的输出信号送入示波器的 Y 轴输入端。微调正弦信号的大小，可从示波器显示屏上看到完整的电压传输特性曲线。

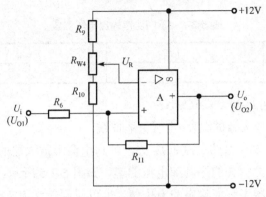

图 5-3-6　滞回比较器电路

4．温度检测控制电路整机工作状况

（1）按图 5-3-1 连接各级电路（注意：可调元件 R_{W1}、R_{W2}、R_{W3} 不能随意变动。如有变动，必须重新进行前面内容）。

（2）根据所需检测报警或控制的温度 T，从测温放大器温度-电压关系曲线中确定对应的 U_{O1} 值。

（3）调节 R_{W4} 使参考电压 $U'_R = U_R = U_{O1}$。

（4）用加热器升温，观察温升情况，直至报警电路动作报警（在实验电路中当 LED 发光时作为报警），记下动作时对应的温度值 t_1 和 U_{O11} 的值。

（5）用自然降温法使热敏电阻降温，记下电路解除时所对应的温度值 t_2 和 U_{O12} 的值。

（6）改变控制温度 T，重做（2）、（3）、（4）、（5）内容。把测试结果记入表 5-3-2 中。根据 t_1 和 t_2 值，可得到检测灵敏度 $t_0 = (t_2 - t_1)$。

注意：实验中的加热装置可用一个 $100\Omega/2W$ 的电阻 R_T 模拟，将此电阻靠近 R_t 即可。

四、实验元器件

1．±12V 直流电源。

2．函数信号发生器。

3．双踪示波器。

4．热敏电阻（NTC）。

5．运算放大器 μA741×2、晶体三极管 3DG12、稳压管 2CW231、发光管 LED。

五、实验报告要求

1．整理实验数据，画出有关曲线、数据表格以及实验线路，并把测量结果填入表 5-3-2 中。

2．用方格纸画出测温放大电路温度系数曲线及比较器电压传输特性曲线。

3．实验中的故障排除情况及体会。

表 5-3-2　不同 T 的测量数据

设定温度 T（℃）								
设定电压	从曲线上查得 U_{O1}							
	U_R							
动作温度	T_1（℃）							
	T_2（℃）							
动作电压	U_{O11}（V）							
	U_{O12}（V）							

六、思考题

1．如果放大器不进行调零，将会引起什么结果？

2．如何设定温度检测控制点？

实验四　语音放大电路

一、实验目的

1. 掌握集成运算放大器的工作原理及其应用。
2. 掌握低频小信号放大电路和功放电路的设计方法。
3. 了解语音识别知识。

二、实验任务与要求

1. 实验任务

设计并制作一个由集成运算放大器组成的语音放大电路。该放大电路的原理框图如图 5-4-1 所示。

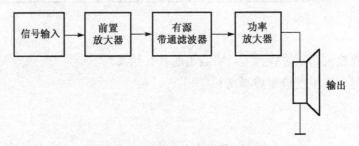

图 5-4-1　语音放大电路原理框图

在图 5-4-1 中，各基本单元电路的设计条件如下。

（1）前置放大器。

输入信号：$U_{\mathrm{Id}} \leqslant 10\mathrm{mV}$。

输入阻抗：$R_{\mathrm{i}} \geqslant 100\mathrm{k}\Omega$。

共模抑制比：$K_{\mathrm{CMR}} \geqslant 60\mathrm{dB}$。

（2）有源带通滤波器。

带通频率范围：$300 \sim 3\mathrm{kHz}$。

（3）功率放大器。

最大不失真输出功率：$P_{\mathrm{om}} \geqslant 5\mathrm{W}$

负载阻抗：$R_{\mathrm{L}} = 4\Omega$。

电源电压：+5V，+12V。

（4）输出功率连续可调。

直流输出电压：≤50mV。

静态电源电流：≤100mA（输出短路时）。

2．实验要求

（1）选取单元电路及元件。根据设计要求和已知条件，确定前置放大电路，有源带通滤波电路，功率放大电路的方案，计算和选取单元电路的元件参数。

（2）前置放大电路的组装与调试。测量前置放大电路的差模电压增益 A_{UD1}、共模电压增益 A_{uc1}、共模抑制比 K_{CMR1}、带宽 BW_1、输入电阻 R_i 等各项技术指标，并与设计要求值进行比较。

（3）有源带通滤波电路的组装与调试。测量有源带通滤波电路的差模电压增益 A_{ud2}，带宽 BW_2，并与设计要求值进行比较。

（4）功率放大电路的组装与调试。测量功率放大电路的最大不失真输出功率 P_O、电源供给功率 P_V、输出效率 η、直流输出压、静态电源电流等技术指标。

（5）整体电路的联调与试听。

（6）应用程序 PSpice 程序对电路进行仿真分析，分析以下内容：

前置放大器差模电压增益：共模电压增益、差模输入电阻、共模抑制比；有源带通滤波器的幅频响应。

三、实验原理与参考电路

1．前置放大电路

前置放大电路为测量用小信号放大电路。在测量用的放大电路中，一般传感器送来的直流或低频信号，经放大后多用单端方式传输，在典型情况下，有用信号的最大幅度可能仅有若干毫伏，而共模噪声可能高到几伏，故放大器输入漂移和噪声等因素对于总的精度至关重要，放大器本身的共模抑制特性也是同等重要的问题。因此前置放大电路应该是一个高输入阻抗，高共模抑制比、低漂移的小信号放大电路。在设计前置小信号放大电路时，可以参考图 5-4-2 或图 5-4-3 所示的电路。

2．有源滤波电路

有源滤波电路是用有源器件与 RC 网络组成的滤波电路。

有源滤波电路的种类很多，如按通带的性能划分，又分为低通（LPF）、高通（HPF）、带通（BEF）、带阻（BEF）滤波器，下面着重讨论典型的二阶有源滤波器。

1）二阶有源 LPF

（1）基本原理。典型二阶有源低通滤波器如图 5-4-2 所示，为抑制尖峰脉冲，在反馈回路可增加电容 C_3，C_3 的容量一般为 22～51pF。该滤波器每节 RC 电路衰减-6dB/倍频程，每级滤波器衰减–12dB/倍频程。其传递函数的关系式为：

$$A(s) = \frac{A_{uf} \cdot \omega_n^2}{s^2 + \frac{\omega_n}{Q} \cdot s + \omega_n^2}$$

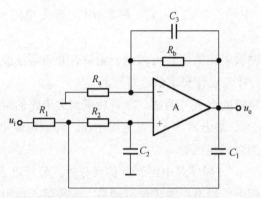

图 5-4-2　二阶有源低通滤波器

式中，A_{uf}、w_n、Q 分别表示如下。

通带增益：

$$A_{uf} = 1 + \frac{R_b}{R_a}$$

固有角频率：

$$\omega_n = \frac{1}{\sqrt{R_1 R_2 C_1 C_2}}$$

品质因素：

$$Q = \frac{\sqrt{R_1 R_2 C_1 C_2}}{C_2(R_1 + R_2) + (1 - A_{uf})R_1 C_1}$$

（2）设计方法。下面介绍设计二阶有源 LPF 时选用 R、C 的两种方法。

方法一：设 $A_{uf} = 1$，$R_1 = R_2$ 则

$$R_a = \infty$$

$$Q = \frac{1}{2}\sqrt{\frac{C_1}{C_2}}$$

$$f_n = \frac{1}{2\pi R \sqrt{C_1 C_2}}$$

$$C_1 = \frac{2Q}{\omega_n \cdot R}$$

$$C_2 = \frac{1}{2Q\omega_n \cdot R}$$

$$n = \frac{C_1}{C_2} = 4Q^2 \quad (n\text{为阶数})$$

在此设计中，由于通常增益 $A_{uf} = 1$，因而工作稳定，故适用于高 Q 值应用。

方法二：设 $R_1 = R_2 = R$，$C_1 = C_2 = C$，则

$$Q = \frac{1}{3 - A_{uf}}$$

$$f_n = \frac{1}{2\pi RC}$$

由上式得知，f_n、Q 可分别由 R、C 值和运放增益 A_{uf} 的变化来单独调整，相互影响不大，因此该设计法对要求特性保持一定 f_n 而在较宽范围内变化的情况比较适用，但必须使用精工和稳定性均较高的元件。在图 5-4-2 中，Q 值按照近似特性可有如下分类：

$$Q = \frac{1}{\sqrt{2}} \approx 0.71 \qquad \text{为巴特沃斯特性}$$

$$Q = \frac{1}{\sqrt{3}} \approx 0.58 \qquad \text{为贝塞尔特性}$$

$$Q \approx 0.96 \qquad\qquad \text{为切比雪夫特性}$$

（3）设计实例。要求设计如图 5-4-2 所示的具有巴特沃斯特性（$Q \approx 0.71$）的二阶有源 LPF，已知 $f_n = 1\text{kHz}$。

按方法一和方法二两种设计方法分别进行计算，可得以下两种结果。

若按方法一：取 $A_{uf} = 1 (R_a = \infty)$，$Q \approx 0.71$，选取 $R_1 = R_2 = 160\text{k}\Omega$，由 $n = \frac{C_1}{C_2} = 4Q^2$ 可得：

$$\frac{C_1}{C_2} \approx 2$$

$$C_1 = \frac{2Q}{\omega_n \cdot R} = 1400\text{pF}$$

$$C_2 = \frac{C_1}{2} = 700\text{pF} \quad （取标准值 680\text{pF}）$$

若按方法二：取 $R_1 = R_2 = R = 160\text{k}\Omega$，$Q \approx 0.71$，由 $Q = \dfrac{1}{3 - A_{uF}}$ 可得：

$$A_{uf} = \frac{3Q - 1}{Q} \approx 1.58$$

$$C_1 = C_2 = \frac{1}{2\pi f_n \cdot R} = 0.001\mu\text{F}$$

2）二阶有源 HPF

（1）基本原理。HPF 与 LPF 几乎具有完全的对偶性，把图 5-4-2 中的 R_1、R_2 和 C_1、C_2 位置互换就构成如图 5-4-3 所示的二阶 HPF。二者的参数表达式与特性也有对偶性，二阶 HPF 的传递函数为：

$$A(s) = \frac{A_{uf} \cdot s^2}{s^2 + \dfrac{\omega_n}{Q} \cdot s + w_n^2}$$

式中：

$$A_{uf} = 1 + \frac{R_b}{R_a}$$

$$\omega_n = \frac{1}{\sqrt{R_1 R_2 C_1 C_2}}$$

$$Q = \frac{1/\omega_n}{R_2(C_1 + C_2) + (1 - A_{uf})R_2 C_2}$$

（2）设计方法。HPF 中 R、C 参数的设计方法也与 LPF 相似，也有以下两种方法。

方法一：设 $A_{uf} = 1$，取 $C_1 = C_2 = C$，根据所需要的 $Q, f_n(\omega_n)$，可得

$$R_1 = \frac{1}{2Q\omega_n \cdot C}$$

$$R_2 = \frac{2Q}{\omega_n \cdot C}$$

$$n = \frac{R_1}{R_2} = 4Q^2$$

方法二：设 $C_1 = C_2 = C$，$R_1 = R_2 = R$，根据所要求的 Q、ω_n，可得

$$A_{uf} = 3 - \frac{1}{Q}$$

$$R = \frac{1}{\omega_n} \cdot C$$

有关这两种方法的应用特点与 LPF 情况完全相同。

（3）设计实例。设计如图 5-4-3 所示具有巴特沃斯特性的二阶有源 HPF（$Q \approx 0.71$），已知 $f_n = 1\text{kHz}$。计算 R、C 的参数值。

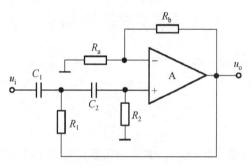

图 5-4-3　二阶有源高通滤波器

若按设计方法一：设 $A_{uf} = 1$（$R_a = \infty$），选取 $C_1 = C_2 = C = 1000\text{pF}$，求得 $R_1 = 112\text{k}\Omega$，$R_2 = 216\text{k}\Omega$，各选用 $110\text{k}\Omega$ 与 $220\text{k}\Omega$ 标称值即可。

若按设计方法二：选取 $R_1 = R_2 = R = 160\text{k}\Omega$，求得 $A_{uf} = 1.58$，$C_1 = C_2 = C = 1000\text{pF}$。

3）二阶有源带通滤波器

（1）基本原理。带通滤波器（BPF）能通过规定范围的频率，这个频率范围就是电路的带宽 BW，滤波器的最大输出电压峰值出现在中心频率 f_0 的频率点上。

带通滤波器的带宽越窄，选择性越好，也就是电路的品质因数 Q 越高。电路的 Q 值可用公式求出：

$$Q = \frac{f_0}{BW}$$

可见，高 Q 值滤波器有窄的带宽，大的输出电压；反之低 Q 值滤波器有较宽的带宽，势必输出电压较小。

（2）参考电路。

此种电路形式较多，下面举两个例子进行说明。

① 文氏桥式带通滤波器。大家所熟悉的 RC 桥式振荡电路其实质就是一个选择性很好的有源带通滤波器电路。该电路在满足 $R_1 = R_2 = R$，$C_1 = C_2 = C$ 条件下，Q 值与中心频率 f_0 分别为：

$$Q = \frac{1}{3 - A_{uf}} = \frac{1}{2 - \dfrac{R_a}{R_b}}$$

$$f_0 = \frac{1}{2\pi\sqrt{C_1 C_2 R_1 R_2}} = \frac{1}{2\pi RC}$$

式中，$A_{uf} = 1 + \dfrac{R_b}{R_a}$，而通常电压增益：

$$A_{uf} = \frac{A_{uf}}{3 - A_{uf}}$$

② 宽带带通滤波器。在满足 LPF 的通带截止频率高于 HPF 的通带截止频率的条件下，把相同元件压控电压源滤波器的 LPF 和 HPF 串接起来可以实现 Butteworth 通带响应，如图 5-4-4 所示。用该方法构成的带通滤波器的通带较宽，通带截止频率易于调整，因此多用作测量信号噪声比（S/N）的音频带通滤波器，如在电话通信系统中，采用图 5-4-4 所示滤波器，能抑制低于 300Hz 和高于 3000Hz 的信号，整个通带增益为 8dB，运算放大器为 741。

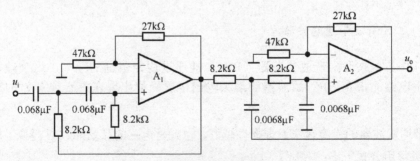

图 5-4-4　二阶有源带通滤波器（BPF）

3．功率放大电路

功率放大的主要作用是向负载提供功率，要求输出功率尽可能大，转换效率尽可能高，非线性失真尽可能小。

功率放大电路的电路形式很多，有双电源供电 OCL 互补对称功放电路、单电源供电的 OTL 功放电路、BTL 桥式推挽功放电路和变压器耦合功放电路等。这些电路都各有特点，读者可根据设计要求和具备的实验条件综合考虑，做出选择。下面介绍几种常用的集成功放电路。

1）五端集成功放（200X 系列）

TDA200X 系列，包括 TDA2002/TDA2003 （或 D2002/D2003/D2030 或 MPC2002H 等）为单片集成功放器件。其性能优良，功能齐全，并附加有各种保护，消噪声电路，外接元件大大减小，仅有 5 个引出端（脚），易于安装、调试，因此也称为五端集成功放。集成功放基本都工作在接近乙类（B 类）和甲乙类（AB 类）状态，静态电流大都在 10～50mA 以内，因此静态功耗很小，但动态功耗很大，且随输出的变化而变化。五端功放的内部等效电路，主要技术指标与引脚图可参见集成电路有关手册。

图 5-4-5 与图 5-4-6 是 TDA2003 的典型应用电路，在图 5-4-6 中补偿元件 R_x、C_x 可按下式选用。

$$R_x = 20R_2$$

$$C_x = \frac{1}{2\pi R_1 f_0}$$

式中，f_0 是 –3dB 带宽，通常取 $R_x \approx 39\Omega, C_x \approx 0.33\mu F$。

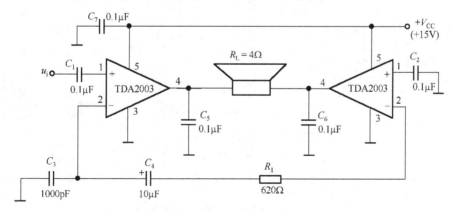

图 5-4-5 TDA2003 的典型应用电路 1

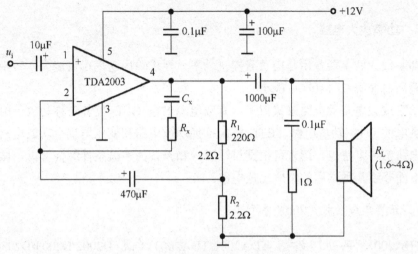

图 5-4-6　TDA2003 的典型应用电路 2

2）用集成运算放大器驱动的功放电路

图 5-4-7 是直接利用运算放大器驱动互补输出级的功放电路，这种电路总的增益取决于比值$(R_1+R_3)/R_1$，而互补输出级能扩展输出电流，不能扩展输出电压（运算放大器输出一般仅有±（10～20）V，所以输出功率不大，特点是结构简单。

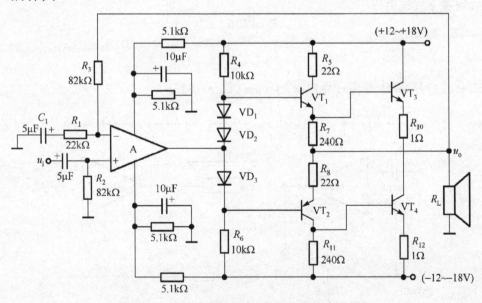

图 5-4-7　运算放大器驱动互补输出级的功放电路

该电路的输出功率：

$$P_o = I_o^2 \cdot R_L$$

当输入信号幅值足够大，输出电压峰值 U_{om} 达到 $V_{CC} - U_{CES}$ 时，此时的最大不失真输出功率为：

$$P_{om} = \frac{1}{2} \frac{(V_{CC} - U_{CES})^2}{R_L} \approx \frac{1}{2} \frac{V_{CC}^2}{R_L}$$

直流电源提供的功率：

$$P_V = \frac{2}{\pi} \frac{V_{CC}^2}{R_L}$$

电路的效率：

$$\eta = \frac{P_o}{P_V}$$

在选择输出晶体管时，应注意使：

每只晶体管的最大允许管耗 $P_{CM} > \dfrac{V_{CC}^2}{\pi^2 R_L}$（或 $0.2 P_{om}$）

最大集电极电流 $I_{CM} > \dfrac{V_{CC}}{R_L}$

反向击穿电压 $|V_{(BR)ECO}| > 2V_{CC}$

四、实验内容

1. 分配各级放大电路的电压放大倍数

由电路设计要求得知，该放大器由三级组成，其总的电压放大倍数 $A_u = A_{u1} \cdot A_{u2} \cdot A_{u3}$。应根据放大器所要求的总放大倍数 A_u 来合理分配各级的电压放大系数（ $A_{u1} \sim A_{u3}$），同时还要考虑到各级基本放大电路所能达到的放大倍数。因此在分配和确定各级电压放大倍数时，应注意以下几点。

（1）由输入信号 u_{Id}，最大不失真输出功率 P_{om}，负载阻抗 R_L，求出总的电压放大倍数（增益） A_u。

（2）为了提高信噪比 S/N，前置放大电路的放大倍数可以适当取大。一般来说，一级放大倍数可达几十倍。

（3）为了使输出波形不致产生饱和失真，输出信号的幅值应小于电源电压。

2．确定各单元电路及元件参数

根据已分配确定的电压放大倍数和设计已知条件，分别确定前置级、有源滤波级与输出级的电路方案，并计算和选取各元件参数。

3．在实验电路板上组装所设计的电路

检查无误后接通电源，进行调试。在调试时要注意先进行基本单元电路的调试，然后再系统联调。也可以对基本单元采取边组装边调试的办法，最后系统联调。

4．前置放大电路的调试

（1）静态调试：调零和消除自激振荡。

（2）动态调试：

① 在两输入端加差模输入电压 u_{Id}（输入正弦电压，幅值与频率自选），测量输出电压 u_{od1}，观测与记录输出电压与输入电压的波形(幅值，相位关系)，算出差模放大倍数 A_{ud1}。

② 在两输入端加共模输入电压 u_{IC}（输入正弦电压，幅值与频率自选），测量输出电压 u_{oc1}，算出共模放大倍数 A_{ud1}。

③ 算出共模抑制比 K_{CMR}。

④ 用逐点法测量幅频特性，并做出幅频特性曲线，求出上、下限截止频率。

⑤ 测量差模输入电阻。

5．有源带通滤波电路的调试

（1）静态调试：调零和消除自激振荡。

（2）动态调试：

① 输出电压的测量以及输出波形同上。

② 测量幅频特性，做出幅频特性曲线，求出带通滤波电路的带宽 BW_2。

③ 在通带范围内，输入端加差模输入电压（输入正弦信号、幅值与频率自选），测量输出电压，算出通带电压放大倍数（通带增益）A_{u2}。

6．功率放大电路的调试

（1）静态调试。集成功放（如 TDA200X）或用运算放大器驱动的功放电路，其静态调试均应在输入端对地短路的条件下进行。

① 图 5-4-6 电路静态调试。输入对地短路，观察输出有无振荡，如有振荡，采取消振措施以消除振荡。

② 图 5-4-7 电路静态调试。静态调试时调整参数，使 VT_1、VT_3 和 VT_2、VT_4 组成的 NPN 复合管和 PNP 复合管的特性尺量一致，即 $I_{C3} \approx I_{C4}$，此时 $u_o = 0$。从减小交越失真考虑，I_{C3}（I_{C4}）应大些为好，但静态电流大，使效率 η 相应下降，一般取 $I_{C3} \approx I_{C4}$，$(5\sim10)mA$ 为宜。

（2）功率参数测试。集成或分立元件电路的功率参数测试方法基本相同。测试中应注意在输出信号不失真条件下进行，因此测试过程中，必须用示波器监视输出信号。

① 测量最大输出功率 P_{om}。输入 $f = 1kHz$ 的正弦输入信号 (u_{13})，并逐渐加大输入电压幅值直至输出电压 u_o 的波形出现临界削波时，测量此时 R_L 两端输出电压的最大值 U_{om} 或有效值 U_o，则：

$$P_{om} = \frac{U_{om}^2}{2R_L} = \frac{U_o^2}{R_L}$$

② 测量电源供给的平均功率 P_V。近似认为电源供给整个电路的功率，即为 P_V（前级消耗功率不大），所以在测试 U_{om} 的同时，只要在供电回路串入一只直流电流表测出直流电源提供的平均电流 $I_{C(AV)}$，即可求出 P_V。

$$P_V = 2U_{CC} \cdot I_{C(AV)}$$

此平均电流 $I_{C(AV)}$ 也就是静态电源电流。

③ 计算效率 η：

$$\eta = P_{om} / P_V$$

④ 计算电压增益 A_{u3}：

$$A_{u3} = U_o / U_{i3}$$

7. 系统联调

经过以上对各级放大电路的局部调试之后，可以逐步扩大到整个系统的联调。联调时：

（1）令输入信号 $u_i = 0$（前置级输入对地短路），测量输出的直流输出电压。

（2）输入 $f = 1kHz$ 的正弦信号，改变 u_i 幅值，用示波器观察输出电压 u_o 波形的变化情况，记录输出电压 u_o 最大不失真幅度所对应的输入电压 u_i 的变化范围。

（3）输入 u_i 为一定值的正弦信号（在 u_o 不失真范围内取值），改变输入信号的频率，观察 u_o 的幅值变化情况，记录 u_o 下降到 $0.707u_o$ 之内的频率变化范围。

（4）计算总的电压放大倍数 $A_u = u_o / u_i$。

8. 试听

系统的联调与各项性能指标测试完毕之后，可以模拟试听效果；去掉信号源，改接微音器或收音机（接收音机的耳机输出口即可）用扬声器（4Ω 喇叭）代替 R_L，从扬声器即可传出说话声或收音机里播出的美妙音乐声，从试听效果来看，应该是音质清楚、无杂音、音量大，电路运行稳定。

五、实验元器件

1. 集成运算放大器 LM741 或 LM324，3～4 片。
2. 集成功放　TDA2003（另加散热器），1 片。
3. 40 喇叭（麦克风），1 只。
4. 1/4W 金属膜电阻、可调电阻、电容若干。

六、实验报告要求

1. 原理电路的设计，内容包括：
（1）方案比较，分别画出各方案的原理图，说明其原理、优缺点和最后的方案。
（2）每一级电压放大倍数的分配数和分配理由。
（3）每一级主要性能指标的计算。
（4）每一级主要参数的计算与元器件选择。
2. 整理各项实验数据，并画出有源带通滤波器和前置输入级的幅频特性曲线，画出各输入、输出电压的波形（标出幅值、相位关系），分析实验结果，得出结论。
3. 将实验测量值分别与理论计算值进行比较，分析误差原因。
4. 整体测试结果和试听结果，分析是否满足设计要求。
5. 在整个调试过程中和试听中所遇到的问题以及解决的方法。

6. 收获体会。

七、思考题

在有源二阶 HPF 实验中，采用集成电路 LM741（其开环增益 $A_{u0} = 80\text{dB}$，上限截止频率 $f_H = 7\text{Hz}$）时，当闭环增益 $A_{uf} = 2$ 大约能维持到什么频率？

第六章　创新性实验

实验一　电子琴音乐的产生与演奏电路设计制作

一、实验目的

利用所学的电子技术理论知识及累积的实验动手能力，运用学过的各种基本电路组成电子琴产生与演奏电路系统。

二、功能说明

电子琴，能模拟各种传统乐器的音色，如笛、号、琴、颤音和弦音以及打击乐鼓、板音、沙锤等。本实验主要设计一种不需要按琴键就能模拟电子琴自动演奏乐曲的电子琴音乐的产生与演奏电路。

三、设计任务与要求

1. 设计一种不需要按琴键就能模拟电子琴自动演奏乐曲的电子琴音乐的产生与演奏电路。

2. 音乐源产生电路的功能。

（1）产生各个音符的频率信号。

（2）产生低、中、高三个音区的音符。

（3）产生多种打击乐器的音色。

3. 乐曲演奏电路的功能。

（1）能模拟演奏多道乐曲。

（2）自动与人工选曲。

（3）演奏的节奏可调节。

四、系统组成框图参考

图 6-1-1 是电子琴音乐的产生与演奏电路系统组成框图，可作为参考。

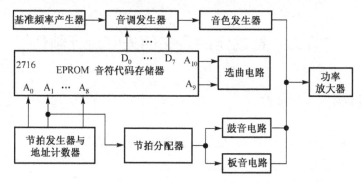

图 6-1-1　电子琴音乐的产生与演奏电路系统组成框图

各部分功能描述如下。

（1）音调发生器：音调指频率的高低。音调发生器产生各个音区与音符所对应的频率。

（2）音色产生器：音色产生器的功能是能模拟各种传统乐器如笛子、小号、双簧、风琴等的乐音。

（3）EPROM 音符代码存储器：用来存储与乐曲的音符对应的数字代码及乐曲的数量（4 首）。

（4）节拍发生器与地址计数器：节拍发生器的振荡频率由乐曲演奏的速度决定。演奏的速度越快，节拍发生器的振荡频率越高。地址计数器提供音符代码存储器的地址线。

（5）节拍分配器：节拍分配器的作用是产生驱动打击乐器的节拍信号。

（6）鼓音电路和板音电路：鼓音、板音电路能产生模拟鼓音、板音的信号，其中鼓音的振荡频率约几千赫兹，板音约几十赫兹。

五、参考资料

[1] 谢自美.电子线路设计·实验·测试（第 2 版）[M].武汉：华中科技大学出版社.

[2] 孙梅生，李美莺，徐振英. 电子技术基础课程设计[M]. 北京：高等教育出版社.

[3] 梁宗善. 电子技术基础课程设计[M]. 武汉：华中理工大学出版社.

[4] 张玉璞，李庆常. 电子技术课程设计[M]. 北京：北京理工大学出版社.

实验二　自动定时汽车闪光灯设计制作

一、实验目的

1. 利用 RC 一阶电路时间常数的概念实现时间的自动控制。
2. 培养查阅资料，选定电子器件的能力。
3. 锻炼使用新器件自行设计电路的能力。

二、功能说明

闪光灯是通过一定时间间隔灯光的点亮和熄灭交替出现，实现多种实用功能，如通过缩短点亮时间，增长充电时间，可以获得在极短时间内强的光亮度，如照相机常采用此方式增强曝光，用低电压的电源，依旧可以获得满足要求的高亮度闪光；又如在高的天线塔、建筑工地、高压用电设备、警车和不安全地带等，需要使用闪光灯作为警示等，此时，闪光灯按照预设的频率自动重复闪光，获得提示和预警的效果。因此，有关自动定时闪光灯的设计具有广阔的应用和使用背景。

三、设计任务与要求

1. 设计一个自动定时汽车闪光灯装置，模拟汽车转向时其转向灯的闪烁过程。
2. 电路设计中可采用继电器实现开关功能。
3. 设计整个系统电路图。
4. 对电路设计进行软件仿真。
5. 调整电容和电阻的大小，观察闪光灯闪动频率的变化。

四、总电路图设计参考

实现闪光灯功能的电路理论基础是一阶电路的充电和放电，通过储能元件电容器的充电和放电的控制，可以实现闪光灯的功能。通过调节时间常数，可以调节闪光灯的充电时间（熄灭）和放电时间（点亮），也就可以设置闪光灯的闪光时间间隔。参考电路图如图 6-2-1 所示。

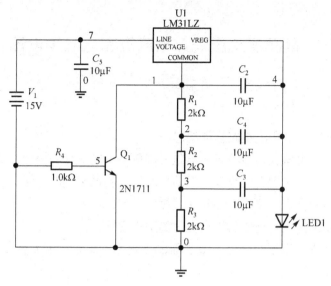

图 6-2-1　自动定时汽车闪光灯总体电路图参考

五、参考资料

[1] 谢自美.电子线路设计·实验·测试（第 2 版）[M]. 武汉：华中科技大学出版社.

[2] 孙梅生，李美莺，徐振英. 电子技术基础课程设计[M]. 北京：高等教育出版社.

[3] 梁宗善. 电子技术基础课程设计[M]. 武汉：华中理工大学出版社.

[4] 张玉璞，李庆常. 电子技术课程设计[M]. 北京：北京理工大学出版社.

实验三　高精度电压表、电流表和电阻表设计制作

一、实验目的

1. 学习和掌握万用表电路设计的思路。
2. 学习掌握电压表、电流表和电阻表测量中不同量程的构成方式。
3. 学习和掌握采用含运算放大器的电路扩大测试量程的方法。
4. 学习和领会表盘刻度线性和非线性的原理。
5. 领会和掌握输入电阻与输出电阻的工程意义。
6. 掌握工程中基于集成运算放大器的高精度电压表、电流表和电阻表的设计方法。
7. 在学习掌握本研究性实验提示内容的基础上，设计满足任务要求的电路，并实现电路的仿真、制作和调试。

二、功能说明

电流和电压作为电路变量，是在电路理论中描述和反映电路性质和特性的最重要的参数，也是在工程实际中经常需要测量的。通常情况下，测量电流和电压可以采用万用表，不论是模拟万用表还是数字万用表，都可以准确测量电路中的直流（或交流）电流与电压值。

电阻器是电路理论中的重要基本元件之一，电阻器的阻值的测量在工程实际中也具有重要的意义。通常情况下，也可以采用万用表来测量电路中实际电阻元件的阻值。

万用表是一种多量程和测量多种电量的便携式电子测量仪表。一般的万用表可以测量电阻、测量交流和直流电流、测量交流和直流电压。有的万用表还可以用来测量音频电平、电容量、电感量和晶体管的 β 值等。

由于万用表结构简单、便于携带、使用方便、用途多样、量程范围广，因而它是维修仪表和调试电路的重要工具，是一种最常用的测量仪表。

三、设计任务和要求

1. 设计一个高精度直流电流测试仪，可分 0～10mA、10～100mA、100mA～1A 三个量程测量直流电流。

任务要求：

（1）设计高精度直流电流测试仪的整体结构框图。

（2）阅读检索参考文献，确定和选择电路中各元件的参数和型号。

（3）对电路设计进行软件仿真。

（4）整体电路制作与调试实现。

（5）以直流电源和可调电阻组成被测电流回路，用设计的高精度直流测试仪进行实验测量，画出电流–电阻曲线，与软件仿真结果比较、分析。

（6）实验研究当被测负载分别接入感性负载和容性负载时，对高精度直流测试仪的测试结果是否有影响，并分析原因。

2．设计一个高精度直流电压测试仪，可分 10～100mV、100mV～1V、1～10V 三个量程测量直流电压。

任务要求：

（1）设计高精度直流电压测试仪的整体结构框图。

（2）阅读检索参考文献，确定和选择电路中各元件的参数和型号。

（3）对电路设计进行软件仿真。

（4）整体电路制作与调试实现。

（5）以直流电源和可调电阻组成被测电压回路，用设计的高精度直压测试仪进行实验测量，画出电压–电阻曲线，与软件仿真结果比较、分析。

（6）实验研究当被测负载分别接入感性负载和容性负载时，对高精度直压测试仪的测试结果是否有影响，并分析原因。

3．设计一个高精度电阻测试仪，可分 0～100mΩ、100mΩ～10Ω、10Ω～1kΩ 三个量程测量的电阻。

任务要求：

（1）设计高精度电阻测试仪的整体结构框图。

（2）阅读检索参考文献，确定和选择电路中各元件的参数和型号。

（3）对电路设计进行软件仿真。

（4）整体电路制作与调试实现。

（5）用设计的高精度直流测试仪对不同电阻器进行实验测量，测量结果与万用表测量结果进行比较，并进行误差分析。

（6）实验研究当被测负载分别为感性负载和容性负载时，对高精度电阻测试仪的测试结果是否有影响，并分析原因。

四、参考资料

[1] 谢自美.电子线路设计·实验·测试（第2版）[M]. 武汉：华中科技大学出版社.

[2] 孙梅生，李美莺，徐振英. 电子技术基础课程设计[M]. 北京：高等教育出版社.

[3] 梁宗善. 电子技术基础课程设计[M]. 武汉：华中理工大学出版社.

[4] 张玉璞，李庆常. 电子技术课程设计[M]. 北京：北京理工大学出版社.

[5] 彭介华.电子技术课程设计指导[M]. 北京：高等教育出版社.

实验四 简易音响系统设计制作

一、实验目的

1. 学习和掌握音响系统的功能和各功能模块的电路构成。

2. 学习掌握混合前置放大电路、音量调节电路、音调控制电路和功率放大电路的工作原理。

3. 根据理想运算放大器的功能和原理，结合实际应用情况，掌握实际集成运算放大器的应用设计与调试的方法。

4. 掌握放大电路非线性失真、阻抗匹配和频率特性等相关电路理论知识。

5. 掌握给定功能的系统结构设计方法，以及局部功能电路模块的综合与调试。

6. 在学习掌握本研究性实验提示内容的基础上，设计满足任务要求的电路，并实现电路的仿真、制作和调试。

二、功能说明

简易音响系统是一个综合性实验项目，主要功能模块混合前置放大电路、音量调节电路、音调控制电路和功率放大电路等进行综合，形成一个具有相对复杂功能的简易音响系统。

三、设计任务和要求

制作一个简易音响系统电路。

1. 电路组成：前置放大电路、音调调节电路、音量调节电路、功率放大电路。

2. 输入采用 MP3。

3. 输出采用扬声器（4～10Ω）。

4. 电源采用 9V 直流。

四、系统结构框图参考

简易音响系统混合前置放大电路、音量调节电路、音调控制电路和功率放大电路等构成，结构框图可参考图 6-4-1 所示。

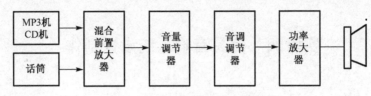

图 6-4-1　简易音响系统结构框图

五、参考资料

[1] 谢自美.电子线路设计·实验·测试（第 2 版）[M]. 武汉：华中科技大学出版社.

[2] 孙梅生，李美莺，徐振英. 电子技术基础课程设计[M]. 北京：高等教育出版社.

[3] 梁宗善. 电子技术基础课程设计[M]. 武汉：华中理工大学出版社.

[4] 张玉璞，李庆常. 电子技术课程设计[M]. 北京：北京理工大学出版社.

[5] 彭介华.电子技术课程设计指导[M]. 北京：高等教育出版社.

实验五　智能充电器设计制作

一、实验目的

1．掌握用单片机构成智能充电器的设计方法及其应用程序设计技术。
2．了解单片机应用系统的开发过程。

二、功能说明

随着越来越多的手持式电器的出现，对高性能、小尺寸、重量轻的电池充电器的需求也越来越大。电池技术的持续进步也要求更复杂的充电算法以实现快速、安全地充电，因此，需要对充电过程进行更精确地监控（如对充、放电电流、充电电压、温度等的监控），以缩短充电时间，达到最大的电池容量，并防止电池损坏。市场上卖得最多的是旅行充电器，但是严格从充电电路上分析，只有很少部分充电器才能真正意义上被称为智能充电器。

三、设计任务与要求

设计一个智能充电器，包括硬件和软件部分。要求其可以同时对1～4节镍镉电池进行充电管理，并根据待充电电池的电压和温度情况，进行合理的充电电流设置。

四、参考系统框图

智能型充电电路应该包括恒流/恒压控制环路、电池电压监测电路、电池温度检测电路、外部显示电路（LED 或 LCD 显示）等基本单元。参考框图如图 6-5-1 所示。

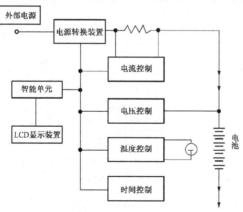

图 6-5-1　智能充电器系统框图参考

五、参考资料

[1] 谢自美.电子线路设计·实验·测试（第 2 版）[M].武汉：华中科技大学出版社.

[2] 孙梅生，李美莺，徐振英. 电子技术基础课程设计[M]. 北京：高等教育出版社.

[3] 梁宗善. 电子技术基础课程设计[M]. 武汉：华中理工大学出版社.

[4] 张玉璞，李庆常. 电子技术课程设计[M]. 北京：北京理工大学出版社.

[5] 彭介华.电子技术课程设计指导[M].北京：高等教育出版社.

实验六 自动语音报时电子钟设计制作

一、实验目的

1. 了解单片机应用系统的开发过程。

2. 学习单片机定时器时间计时处理、按键扫描及 LED 数码管显示的设计方法。

3. 利用实验平台上 4 个 LED 数码管，设计带有闹铃功能的数字时钟。

二、功能说明

为适应社会发展的快节奏，研发一种多功能的智能数字钟。这款智能数字钟具有显示年、月、日，时、分、秒及闹钟功能，而且秒、分、时、日、月、年可自动关联进位。秒具备清零功能，分、时、日、月、年可自动修改、手动设置等功能。在日常生活中带来好处，智能数字钟要求结构简单，便于操作使用。

三、设计任务及要求

1. 能显示年、月、日。

2. 能显示时、分、秒。

3. 具备整点闹铃功能。

4. 秒、分、时、日、月、年可自动关联进位。

5. 分、时、日、月、年可手动修改。

6. 能设置多个闹钟，且每个闹钟时间可多次设置。

7. 具有正点播报功能且到设定时间时能播放音乐作闹铃声。

8. 按键尽量少，且显示没有明显抖动。

四、参考系统框图

电子钟的参考系统框图如图 6-6-1 所示。主要分为输入部分、输出部分、晶振和复位电路。输入信号主要是各种模式选择和调整信号，由按键开关提供。输出部分的输出信号为 7 段数码管的位选和段选信号，闹铃脉冲信号，提示灯信号。晶振复位电路时钟可用单片机内部时钟。

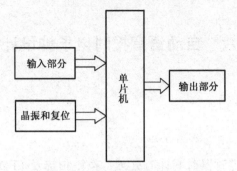

图 6-6-1　电子钟总体设计框图参考

五、参考资料

[1] 谢自美.电子线路设计·实验·测试（第 2 版）[M]. 武汉：华中科技大学出版社.

[2] 孙梅生，李美鸾，徐振英. 电子技术基础课程设计[M]. 北京：高等教育出版社.

[3] 梁宗善. 电子技术基础课程设计[M]. 武汉：华中理工大学出版社.

[4] 张玉璞，李庆常. 电子技术课程设计[M]. 北京：北京理工大学出版社.

[5] 彭介华.电子技术课程设计指导[M]. 北京：高等教育出版社.

附录 A　测量误差和测量数据处理的基本知识

被测量如果有一个真实值，简称真值，它由理论给定或由计量标准规定。在实际测量该被测量时，由于受到测量仪器精度、测量方法、环境条件或测量者能力等因素的限制，测量值与真值之间不可避免的存在差异。这种差异定义为测量误差。我们学习有关测量误差和测量数据处理知识的目的，就在于在实验中合理的选用测量仪器和测量方法，并对实验数据进行正确的分析、处理，以便获得符合误差要求的测量结果。

一、测量误差产生的原因及其分类

根据误差的性质及其产生的原因，测量误差分为以下三类。

1. 系统误差

在规定的测量条件下对同一量进行多次测量时，如果误差的数值保持恒定或按某种规律变化，则称这种误差为系统误差。例如，电表零点不准，温度、湿度、电源电压等变化造成的误差便属于系统误差。系统误差有一定规律性，可以通过试验和分析，找出原因，设法减弱和消除。

2. 偶然误差（又称随机误差）

在规定的测量条件下对同一量进行多次测量时，如果误差的数值发生不规则的变化，则称这种误差为偶然误差。例如，热骚动、外界干扰和测量人员感觉器官无规律的微小变化等引起的误差，便属于偶然误差。

尽管每次测量某量时其偶然误差的变化是不规律的，但是，实践证明，如果测量的次数足够多，则偶然误差平均值的极限就会趋向于零。所以，多次测量某量的结果，它的算术平均值则接近于其值。

3. 过失误差（又称粗大误差）

过失误差是指在一定的测量条件下，测量值显著的偏离真值的误差。从性质上来看，可能属于系统误差，也可能属于偶然误差。但是它的误差值一般都明显的超过相同条件下的系统误差和偶然误差，如读错刻度、记错数字，计算错误以及测量方法不对等引起的误差。通过分析，确认是过失误差的测量数据，应该予以剔除。

二、误差的各种表示方法

1. 绝对误差

如果用 x_0 表示被测量的真值，x 表示测量仪器的示值（标称值），于是绝对误差 Δx 为 $\Delta x = x - x_0$。

若用高一级标准的测量仪器测得的作为被测量的真值，则在测量前，测量仪器应由该高一级标准的仪器进行校正。校正量常用修正值表示。对于某被测量，高一级标准的仪器的示值减去测量仪器的示值所得的值，就称为修正值。实际上，修正值就是绝对误差，仅仅它们的符号相反。例如，用某电流表测量电流时，电流表的示值为 10mA，修正值为 +0.04mA，则被测电流的真值为 10.04mA。

2. 相对误差

相对误差是绝对误差与被测真值的比值。用百分数表示，即

$$\gamma = \frac{\Delta x}{x_0} \times 100\%$$

当 $\Delta x \ll x_0$ 时，$\gamma \approx \dfrac{\Delta x}{x} \times 100\%$

例如，用频率计测量频率，频率计的示值为 500MHz，频率计的修正值为 −500Hz，则 $\gamma \approx \dfrac{500}{500 \times 10^6} \times 100\% = 0.0001\%$

又如，用修正值为 −0.5Hz 的频率计测得频率为 500Hz，则

$$\gamma \approx \frac{0.5}{500} \times 100\% = 0.1\%$$

从上述两个例子可以看到，尽管后者的相对误差却远大于前者。因此，前者的测量准确度实际上比后者的高。

3. 容许误差（又称最大误差）

一般测量仪器的准确常用容许误差表示。它是根据技术条件的要求规定某一类仪器的误差不应超过的最大范围。通常仪器（包括量具）技术说明书所标明的误差，都是指容许误差。

在指针仪表中，容许误差就是满度相对误差 γ_m。定义为：

$$\gamma_m \approx \frac{\Delta x}{x_m} \times 100\%$$

式中，x_m 是表头满刻度读数。指针式表头的误差主要取决于它本身的结构和制造精度，而与被测量值的大小无关。因此，用上式表示的满度相对误差实际上是绝对误差与一个常数的比值。我国电工仪表按 γ_m 值分为 0.1、0.2、0.5、1.0、1.5、2.5 和 5 共 7 级。

例如，用一只满度为 150V、1.5V 级的电压表测量电压，其最大绝对误差为 150V×(±1.5%) = ±2.25V。若表头的示值为 100V，则被测电压的真值在 100±2.25 = 97.75～102.25(V)范围内；若示值为 10V，则被测电压真值在 7.75～12.25(V)范围内。

在无线电测量仪器中，容许误差分为基本误差和附加误差两类。

所谓基本误差，是指仪器在规定工作条件下在测量范围内出现的最大误差。规定工作条件又称为定标条件，一般包括环境条件（温度、湿度、大气压力、机械振动及冲击等）、电源条件（电源电压、电源频率、直流供电电压及纹波等）和预热时间、工作位置等。

所谓附加误差，是指定标条件的一项或几项发生变化时，仪器附加产生的误差。附加误差又分为两类：一类为使用条件（如温度、湿度、电源等）发生变化时产生的误差；另一类为被测对象参数（如频率、负载等）发生变化时产生的误差。

例如，DA22 型超高频毫伏表的基本误差为 1mV 挡小于±1%，3mV 挡小于±5% 等；频率附加误差在 5kHz～500MHz 范围内小于±5%，在 500～1000MHz 范围内小于±30%；温度附加误差为每 10℃增加±2%（1mV 挡增加±5%）。

三、削弱和消除系统误差的主要措施

对于偶然误差和过失误差的消除方法，前面已做过简要介绍，这里只讨论消除系统误差的措施。

产生系统误差的原因如下。

1. 仪器误差

仪器误差是指仪器本身电气或机械等性能不完善所造成的误差。例如，仪器校准不好，定度不准等。消除方法是要预先校准或确定其修正值，以便在测量结果中引入适当的补偿值来消除它。

2. 装置误差

装置误差是测量仪器和其他设备的放置不当，或使用不正确以及由于外界环境条件改变所造成的误差。为了消除这类误差，测量仪器的安放必须遵守使用规定（如三用表应水平放置），电表之间必须远离，并注意避开过强的外部电磁影响等。

3. 人身误差

人身误差是由测量者个人特点所引起的误差。例如，有人读指示刻度习惯于超过或欠少、回路总不能调到真正谐振点上等。为了消除这类误差，应提高测量技能，改变不正确的测量习惯和改进测量方法等。

4. 方法误差或理论误差

这是一种测量方法所依据的理论不够严格，或采用不适当的简化和近似公式等所引起的误差。例如，用伏安法测量电阻时，若直接以电压表的示值和电流表的示值之比作为测量的结果，而不计电表本身内阻的影响，就往往引起不能容许的误差。

系统误差按其表现特性还可分为固定的和变化的两类：在一定条件下，多次重复测量时给出的误差是固定的，称为固定误差；给出的误差是变化的，称为变化误差。

对于固定误差，还可用一些专门的测量方法加以抵消。这里只介绍常用的替代法和正负误差抵消法。

1）替代法

在测量时，先对被测量进行测量，记录测量数据。然后用一已知标准量代替被测量，改变已知标准量的数值，使测量仪器恢复到原来记录的测量数值。这时已知标准量的数值就应是被测量的数值。由于两者的测量条件相同，因此可以消除包括仪器内部结构、各种外界因素和装置不完善等所引起的系统误差。

2）负误差抵消法

利用在相反的两种情况下分别进行测量，使两次测量所产生的误差等值而异号。然后取两次测量结果的平均值便可将误差抵消。例如，在有外磁场影响的场合测量电流值，可把电流表转动 180° 再测一次，取两次测量的平均值，就可抵消外磁场影响而引起的误差。

四、一次测量时的误差估计

在许多工程测量中，通常对被测量只进行一次测量。这时，结果测量中可能出现的最大误差与测量方法有关。测量方法有直接法和间接法两类：直接法是指直接对被测量进行测量取得数据的方法；间接法是指通过测量与被测量有一定函数关系的其他量，然后换算得到被测量的方法。

当采用直读式仪器并按直接法进行测量时，其最大可能的测量误差就是仪器的容许误差。例如，前面提到的用满刻度为 150V、1.5 级指针式电压表测量电压时，若被测电压为 100V，则相对误差为

$$\gamma = \frac{2.25}{100} \times 100\% = 2.25\%$$

若被测量为 10V，则

$$\gamma = \frac{2.25}{100} \times 100\% = 22.5\%$$

因此，为提高测量准确度，减小测量误差,应使被测量出现在接近满刻度区域。

当采用间接法进行测量时，应先由上述直接法估计出直接测量的各量的最大可能误差，然后根据函数关系找出被测量的最大可能误差。下面举例说明。

例 A-1

$$x = A^m B^n C^p$$

式中，x 为被测量，A、B、C 为直接测得的各量，m、n、p 为正或负的整数或分数。为了求得误差之间的关系式，将上式两边取对数：

$$\lg x = m\lg A + n\lg B + p\lg C$$

再进行微分：

$$\frac{\mathrm{d}x}{x} = m\frac{\mathrm{d}A}{A} + n\frac{\mathrm{d}B}{B} + p\frac{\mathrm{d}C}{C}$$

将上式微变近似用增量代替：

$$\frac{\Delta x}{x} = m\frac{\Delta A}{A} + n\frac{\Delta B}{B} + p\frac{\Delta C}{C}$$

即

$$\gamma_x = m\gamma_A + n\gamma_B + p\gamma_C$$

式中，A、B、C 各量的相对误差 γ_A、γ_B、γ_C 可能为正或负，因此在求 x 量的最大可能误差 γ_x 时，应取其最不利的情况，即使 γ_x 的绝对值达到最大。

例 A-2

$$x = A \pm B$$

则

$$x + \Delta x = (A + \Delta A) \pm (B + \Delta B)$$

因此

$$\Delta x = \Delta A + \Delta B$$

该式说明，不论 x 等于 A 与 B 的和或差，x 的最大可能绝对误差都等于 A、B 的最大误差的算术和。这时欲求的相对误差为：

$$\gamma_x = \frac{\Delta x}{x} = \frac{\Delta A + \Delta B}{A + B}$$

必须指出，当 $x = A - B$ 时，如果 A、B 两量很接近，相对误差就可能达到很大的数值。所以，在选择测量方法时，应尽量避免用两个量之差来求第三量。

根据上述两个例子，间接法测量的误差估计可归纳为表 A-1 所示的计算公式。

表 A-1　间接法测量的误差估计的计算公式

函数关系式	绝对误差	相对误差
$x = A + B$	$\Delta x = \Delta A + \Delta B$	$\dfrac{\Delta x}{x} = \dfrac{\Delta A + \Delta B}{A + B}$
$x = A - B$	$\Delta x = \Delta A + \Delta B$	$\dfrac{\Delta x}{x} = \dfrac{\Delta A + \Delta B}{A - B}$
$x = A \cdot B$	$\Delta x = A \cdot \Delta A + B \cdot \Delta B$	$\dfrac{\Delta x}{x} = \dfrac{\Delta A}{A} + \dfrac{\Delta B}{B}$
$x = A/B$	$\Delta x = \dfrac{A \cdot \Delta B + B \cdot \Delta A}{B^2}$	$\dfrac{\Delta x}{x} = \dfrac{\Delta A}{A} + \dfrac{\Delta B}{B}$
$x = kA$	$\Delta x = k \cdot \Delta A$	$\dfrac{\Delta x}{x} = \dfrac{\Delta A}{A}$
$x = A^k$	$\Delta x = kA^{k-1}\Delta A$	$\dfrac{\Delta x}{x} = k\dfrac{\Delta A}{A}$

五、测量数据的处理

1．有效数字的概念

在记录和计算数据时，必须掌握对有效数字的正确取舍。不能认为一个数据中小数点后面的位数越多，这个数据就越多，这个数据就越准确；也不能认为计算测量结果中保留的位数越多，准确度就越高。因为测量所得的结果都是进似值，这些近似值通常都用有效数字的形式来表示的。所谓有效数字，是指左边第一个非零的数字开始直到右边最后一个数字为止所包含的数字。例如，测得的频率为 0.0234MHz，它是由 2、3、4 三个有效数字表示的频率值。在其左边的两个"0"不是有效数字，因为它可以通过单位变换写成 23.4kHz。其中末位数字"4"，通常是在测量读数时估计出来的，因此称它为"欠准"数字，其左边的各有效数字。准确数字和欠准数字对测量结果都是不可少的，它们都是有效数字。

2．有效数字的正确表示

（1）有效数字中，只应保留一个欠准数字。因此，在记取测量数据中，只有最后一位有效数字是"欠准"数字，这样记录的数据表明被测量可能在最后一位数字上变化±1 个单位。例如，用一只刻度为 50 分度、量程为 50V 的电压表测得的电压为 41.6V，则该电压是用三位有效数字来表示的，4 和 1 两个数字是准确的，而 6 是欠准的。因为它是根据最小刻度估计出来的，它可能被估读为 7，所以测量结果也可以表示为(41.6±0.1)V。

（2）欠准数字中，要特别注意"0"的情况。例如，测量某电阻的数值为 13.600kΩ，表明前面 4 个位数 1、3、6、0 是准确数字，最后一个位数 0 是欠准数字。如果改写成 13.6kΩ，则表明前面两个位数 1、3 是准确数字，最后一个位数 6 是欠准数字。这两种写法，尽管表示同一数值，但实际上却反映了不同的测量准确度。

如果用"10"的方幂来表示一个数据，10 的方幂前面的数据都是有效数字。例如，写成 $136.60 \times 10^3 \, \Omega$，则表明它的有效数字为 4 位。

（3）对于 π、$\sqrt{2}$ 等常数具有无限位数的有效数字，在运算时，可根据需要取适当的位数。

3．有效数字的处理

对于计量测定或通过各种计算获得的数据，在所规定的精确度范围以外的那些数字，一般都应该按照"四舍五入"的规则进行处理。

如果只取 n 位有效数字，那么第 $n+1$ 位及其以后各位的数字都应该舍去。如果采用古典的"四舍五入"法则，对于 $n+1$ 位为"5"的数字则都是只入不舍，这样就会产生较大的累计误差。目前广泛采用的"四舍五入"法则对 5 的处理是：当被舍的数字等于 5，而 5 之后有数字时，则可舍 5 进 1；若 5 之后无数字或为 0 时，这时只有在 5 之前为奇数，才能舍 5 进 1，如 5 之前为偶数（包括零），则舍 5 不进位。

下面是把有效数字保留到小数点后第二位的几个例子：

$$73.9504 \longrightarrow 73.95$$
$$3.22681 \longrightarrow 3.23$$
$$523.745 \longrightarrow 523.74$$
$$617.995 \longrightarrow 618.00$$
$$89.9251 \longrightarrow 89.93$$

4．有效数字的运算

1）加、减运算

由于参加加减运算的各数据，必为相同单位的同一物理量，因此其精度最差的就是小数点后面有效数字位数最少的。因此，在进行运算前应将各数据所保留的小数点后的位数处理成与精度最差的数据相同，然后再进行运算。

例如，求 214.75、32.945、0.015、4.305 四项之和：

$$
\begin{array}{r}
214.75 \longrightarrow 214.75 \\
32.945 \longrightarrow 32.94 \\
0.015 \longrightarrow 0.02 \\
+)\quad 4.305 \longrightarrow 4.30 \\
\hline
252.01
\end{array}
$$

2）乘、除运算

运算前对各数据的处理应以有效数字位数最少的为标准，所得积和商的有效数字应与有效数字最少的那个数据相同。

例如，问 $0.0121 \times 25.645 \times 1.05782 = ?$

其中 0.0121 为三位有效数字，位数最少，所以应对另两个数据进行处理：

$$25.645 \longrightarrow 25.6$$
$$1.05782 \longrightarrow 1.06$$

所以，$0.0121 \times 25.6 \times 1.06 = 0.32834560 \longrightarrow 0.328$

若有效数字位数最少的数据中，其第一位数为 8 或 9，则有效数字位数应多记一位。例如，上例中 0.0121 若改为 0.0921，则另外两个数据应取 4 位有效数字，即

$$25.645 \longrightarrow 25.64$$
$$1.05782 \longrightarrow 1.058$$

附录 B 常用电路元件、器件型号及其主要性能指标

一、电阻器

1. 电阻器和电位器的型号命名法

电阻器和电位器的型号命名法，如表 B-1 所示。

表 B-1 电阻器和电位器的型号命名法

第一部分：主称		第二部分：材料		第三部分：特征			第四部分
用字母表示主称		用字母表示材料		用数字或字母表示分类			用数字表示序号
符 号	意 义	符 号	意 义	符 号	意 义		
					电阻器	电位器	
R	电阻器	T	碳膜	1	普通	普通	
W	电位器	P	硼碳膜	2	普通	普通	
		U	硅碳膜	3	超高频	—	
		H	合成膜	4	高阻	—	
		I	玻璃釉膜	5	高温	—	
		J	金属膜（箔）	6	—	—	
		Y	氧化膜	7	精密	精密	
		S	有机实芯	8	高压	特殊函数	
		N	无机实芯	9	特殊	特殊	
		X	线绕	G	高功率	—	
		R	热敏	T	可调	—	
		G	光敏	W	—	微调	
		M	压敏	D	—	多调	
				B	温度补偿用	—	
				C	温度测量用	—	
				P	旁热式	—	
				W	稳压式	—	
				Z	正温度系数	—	

2. 电阻器的主要特性指标

1）额定功率

共分 19 个等级，其中常用的有下列几种：

$$\frac{1}{20}\text{W} \quad \frac{1}{8}\text{W} \quad \frac{1}{4}\text{W} \quad \frac{1}{2}\text{W} \quad 1\text{W} \quad 2\text{W} \quad 4\text{W} \quad 5\text{W} \quad \cdots$$

2）容许误差等级和标称阻值

（1）容许误差等级，如图 B-2 所示。

表 B-2　容许误差等级

容许误差	±0.05%	±1%	±5%	±10%	±20%
等级	005	01	I	II	III

（2）标称阻值系列，如表 B-3 所示。任何固定式电阻器的标称阻值应符合表列数值和表列数值乘以 10^n，其中 n 为正整数或负整数。

表 B-3　标称阻值系列

容许误差	系列代号	系 列 值										
±20%	E6	1.0		1.6	2.2		3.3		4.7		6.8	
±10%	E12	1.0	1.2	1.5	1.8	2.2	2.7	3.3	3.9	4.7	5.6	6.8　8.2
±5%	E24	1.0 1.1 1.2 1.3 1.5 1.6 1.8 2.0 2.2 2.4 2.7 3.0 3.3 3.6 3.9 4.3 4.7 5.1 5.6 6.2 6.8 7.5 8.2 9.1										

电阻器的阻值和误差，一般都用数字印在电阻器上，但体积很小和一些合成电阻器，其阻值和误差常以色环来表示，如图 B-1 所示。靠近一端画有四道色环：第 1、2 色环分别表示第一、第二两位数字，第 3 色环表示再乘以 10 的方次，第 4 色环表示阻值的容许误差。

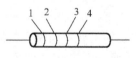

图 B-1　色环表示法

表 B-4 列出了色环所代表的数字大小。

表 B-4　电阻的色环所代表的含义

色　　别	黑	棕	红	橙	黄	绿	兰	紫	灰	白	金	银	本色
对应数值	0	1	2	3	4	5	6	7	8	9			
误　　差											±5%	±10%	±20%

为了熟悉电阻器的命名和对其特性的了解，举例说明如下：

R	J	7	1	0.125	5.1k	I

主称　　材料　　　分类　序号　功率　　　标称阻值　容许误差

电阻器　金属膜　　精密　　　　$\frac{1}{8}$W　　5.1kΩ　　Ⅰ级±5%

由标号可知，它是精密金属膜电阻器，额定功率为 $\frac{1}{8}$W，标称阻值为 5.1kΩ，容许误差为±5%。表 B-5 列出了一些常用电阻器的主要特性。

表 B-5　常用电阻器的主要特性

名称和符号	额定功率（W）	标称阻值范围（Ω）	温度系数（℃）	运用频率
RT 型 碳膜电阻	0.05 0.125 0.25 0.5 1.2	$10\sim100\times10^2$ $5.1\sim510\times10^3$ $5.1\sim910\times10^3$ $5.1\sim2\times10^6$ $5.1\sim5.1\times10^6$	$-(6\sim20)\times10^{-4}$	10MHz 以下
RU 型 硅碳膜电阻	0.125、0.5 0.5 0.2	$5.1\sim510\times10^3$ $10\sim2\times10^6$ $10\sim10\times10^6$	$\pm(7\sim12)\times10^{-4}$	10MHz 以下
RJ 型 金属膜电阻	0.125 0.25 0.5 1.2	$30\sim510\times10^3$ $30\sim1\times10^6$ $30\sim5.1\times10^6$ $30\sim10\times10^6$	$\pm(6\sim10)\times10^{-4}$	10MHz 以下
RX 型 线绕电阻	$2.5\sim100$	$5.1\sim56\times10^6$		低频

3. 电位器

电位器是一种具有三个接头的可变电阻器，常用的有下列几种。

（1）WTX 型小型碳膜电位器；

（2）WTH 型合成碳膜电位器；

（3）WHJ 型精密合成膜电位器；

（4）WS 型有机实芯电位器；

（5）WX 型线绕电位器；

（6）WHD 多圈合成膜电位器。

根据不同途径，薄膜电位器按轴旋转角度与实际阻值间的变化关系，可分为直线式、指数式和对数式三种。电位器可以带开关，也可以不带开关。

二、电容器

1. 电容器的型号命名法

其型号命名法和电阻器命名法一样，即由主体、材料、分类和序号四部分组成。

（1）主称、材料部分的符号及意义如表 B-6 所示。

表 B-6　电容器型号命名法

主　称		材　料	
符　号	意　义	符　号	意　义
C	电容器	C	高频瓷
		T	低频瓷
		I	玻璃釉
		O	玻璃膜
		Y	云母
		V	云母纸
		Z	纸介
		J	金属化纸
		B	聚苯乙烯等非极性有机薄膜
		L	涤纶等极性有机薄膜
		Q	漆膜
		H	纸膜复合
		S	聚碳酸脂
		D	铝电解
		A	钽电解
		G	金属电解
		N	铌电解
		E	其他材料电解

（2）分别部分，除个别类型用字母表示外（如用 G 表示高功率，W 表示微调），一般都用数字表示。其规定如表 B-7 所示。

表 B-7　电容器的分别部分含义

电容名称 ＼ 数字／类别	1	2	3	4	5	6	7	8	9
瓷介电容器	圆片	管形	叠片	独石	穿心			高压	
云母电容器	非密封	非密封	密封	密封				高压	
有机电容器	非密封	非密封	密封	密封	穿心			高压	特殊
电解电容器	箔式	箔式	烧结粉液体	烧结粉固体		无极性			特殊

2. 电容器的主要性能指标

1）电容器的耐压

常用固定式电容器的直流工作电压系列为（单位为 V）：6.3、10、16、25、32*、40、50*、63、100、160、250、400 等，有"*"号者只限于电解电容器。

2）电容器容许误差等级和标称容量值

按容许误差，电容器分为常见的 7 个等级，如表 B-8 所示。

表 B-8　电容器容许误差等级

容许误差	±2%	±5%	±10%	±20%	+20% −30%	+50% −20%	+100% −10%
级　别	02	I	II	III	IV	V	VI

固定电容器的标称容量系列如表 B-9 所示。

表 B-9　电容器的标称容量系列

名　　称	容许误差	容量范围	标称容量系列
纸介电容器 金属化纸介电容器 纸膜复合介质电容器	±5% ±10% ±20%	100pF～1μF	1.5　2.2　3.3　4.7　6.8
低频（有极性）有机薄膜 介质电容器		1μF～100μF	1、2、4、6、8、10、15、20、30、50、60、80、100
高频（无极性）有机薄膜 介质电容器	±5%		E24
瓷介电容器	±10%		E12
玻璃釉电容器	±20%		E6
云母电容器	±20%以上		E6
铝、钽、铌电解电容器	±10% ±20% +50% −20% +100% −10%		1、　1.5　2.2 3.3　4.7　6.8 （容量单位为μF）

标称电容量为表中数值或表中数值再乘以 10^n，其中 n 为正整数或负整数。为了熟悉电容器型号命名和对其特性的了解，举例说明如下：

C	C	G	1	−63V	−0.01μF	Ⅱ
|	|	|	|	|	|	||
主称	材料	分类	序号	耐压	标称容量	容许误差
电阻器	高频瓷	高功率		63V	0.01μF	Ⅱ±20%

它是高功率高频瓷介电容器，耐压 63V，容量为 0.001μF，容许误差为±20%。

表 B-10 列出了常用电容器的几项主要特性。

表 B-10　常用电容器的主要特性

名称	型号	容量范围	直流工作电压（V）	适用频率（MHz）	准确度	漏阻（MΩ）
纸介电容器（中、小型）	CZ 型	470pF～0.22μF	63～630	8 以下	±(5～20)%	>5000
金属壳密封纸介电容器	CZ3	0.01μF～10μF	250～1600	直流脉冲直流	±(5～20)%	>1000～5000
金属化纸介电容器（中、小型）	CJ	0.01μF～0.2μF	160、250、400	8 以下	±(5～20)%	>2000
金属壳密封金属化纸介电容器	CJ3	22μF～30μF	160～1600	直流脉冲直流	±(5～20)%	>30～5000
薄膜电容器		3pF～0.1μF	63～500	高频、低频	±(5～20)%	>10000
云母电容器	CY	10pF～0.051μF	100～7000	75～250 以下	±(2～20)%	>10000
瓷介电容器	CC	1pF～0.1μF	63～630	低频、高频50～3000 以下	±(2～20)%	>10000
铝电解电容器	CD	1～10000μF	4～500	直流脉冲直流	+20% +50%−30% ～ −20%	
钽、铌电解电容器	CA CN	0.47μF～1000μF	6.3～160	直流脉冲直流	±20%～ +20%−30%	
瓷介微调电容器	CCW	2/7pF～7/25pF	250～500	高频		>1000～10000
可变电容器	CB	最小>7pF 最大<1000pF	100 以下	高频、低频		>500

反侵权盗版声明

电子工业出版社依法对本作品享有专有出版权。任何未经权利人书面许可，复制、销售或通过信息网络传播本作品的行为；歪曲、篡改、剽窃本作品的行为，均违反《中华人民共和国著作权法》，其行为人应承担相应的民事责任和行政责任，构成犯罪的，将被依法追究刑事责任。

为了维护市场秩序，保护权利人的合法权益，我社将依法查处和打击侵权盗版的单位和个人。欢迎社会各界人士积极举报侵权盗版行为，本社将奖励举报有功人员，并保证举报人的信息不被泄露。

举报电话：（010）88254396；（010）88258888

传　　真：（010）88254397

E-mail：　dbqq@phei.com.cn

通信地址：北京市海淀区万寿路 173 信箱

　　　　　电子工业出版社总编办公室

邮　　编：100036